中国建筑史

History of Chinese Architecture

[日] 伊东忠太/著　杜埅/译

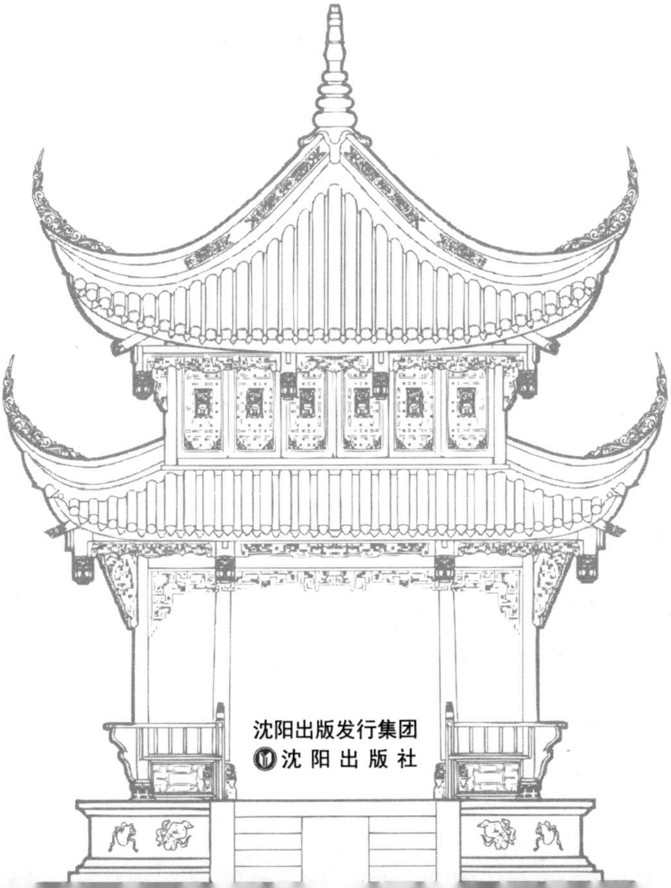

沈阳出版发行集团
沈阳出版社

图书在版编目（ＣＩＰ）数据

中国建筑史 /（日）伊东忠太著； 杜堃译 . -- 沈阳：
沈阳出版社， 2020.11
ISBN 978-7-5716-0971-9

Ⅰ . ①中… Ⅱ . ①伊… ②杜… Ⅲ . ①建筑史－中国
－古代 Ⅳ . ① TU-092.2

中国版本图书馆 CIP 数据核字 (2020) 第 090507 号

出版发行：沈阳出版发行集团 | 沈阳出版社
　　　　　（地址：沈阳市沈河区南翰林路10号　邮编：110011）
网　　　址：http://www.sycbs.com
印　　　刷：北京楠萍印刷有限公司
幅 面 尺 寸：165mm×235mm
印　　　张：16.5
字　　　数：220千字
出 版 时 间：2021 年1月第1版
印 刷 时 间：2021 年1月第1次印刷
选 题 策 划：赵　琳　郑　为
责 任 编 辑：周武广　张　畅
封 面 设 计：朝圣设计 · 大圣
责 任 校 对：王志茹
责 任 监 印：杨　旭

书　　　号：ISBN 978-7-5716-0971-9
定　　　价：69.80元

联 系 电 话：024-24112447
E － mail：sy24112447@163.com

本书若有印装质量问题，影响阅读，请与出版社联系调换。

出版说明

    本书作者伊东忠太出生于日本山形县米泽市，毕业于帝国大学工科大学，工学博士、曾任东京帝国大学教授。一生致力日本传统建筑以及亚洲建筑的研究，是近代日本建筑学科的创始人，在建筑界有"工学泰斗"和"建筑巨人"之称，也是亚洲建筑研究的先行者。伊东忠太认为日本的建筑起源于中国，为了给日本建筑寻根，希望通过研究中国建筑确定日本建筑的起源，他一生来华调查不下十次，是最早来华实地考察的日本学者之一，著有大量建筑学著作。

    《中国建筑史》写于1925年，是其对中国建筑进行全域性普查后的最为重要的作品，也是日本第一部较为全面系统的中国建筑通史，在学界影响极大。作品首次以大量实证材料及手绘建筑构件将中国建筑确立为一个独立、稳定的本源性建筑体系，无疑为以后的研究工作提供了坚实的基础。书中很多建筑现已不复存在，这些珍贵的资料，对了解和研究我国建筑的历史、美术和工艺有着重要的参考价值。

    以上内容，特此说明，如有错漏，万望教正。

目 录

绪　言

　　本书讲的是中国建筑的历史，所做观察侧重于艺术层面，而非有关材料构造的土木层面。本书以时间为线索，讲解与中国艺术有关的一般概念。

　　我们今天口中所说的"艺术"一词，在意义上和英文 art、德文 Kunst，以及法文 beaux-arts 并无二致，主要指的是雕刻、绘画、建筑等门类的造型艺术，再广泛一点来看，还包括诗歌、音乐、舞蹈，等等。就中国而言，从古至今皆无词汇与英文 art 的意义完全相同，尽管如此，"艺"字在中国却由来已久，而且还有孔门七十二圣贤"身通六艺"的说法。这里所说的六艺是指：礼、乐、射、御、书、数。礼，是指与制度、律令、宗庙、祭祀、冠婚、丧葬等诸事有关的仪式，或许我们可以称之为技艺，但大部分都不能被称为艺术。乐，主要指音乐、舞蹈、雅乐，基本上都是被用于祭祀、典礼和仪式上的，这些自然都是艺术。射，顾名思义就是射箭的技术。御，类似于马术，一种技能，这些都算不上是艺术。书，独属于中国的一种技术，在广义上和绘画有一定的相通之处，所以说它是不折不扣的艺术。对文字的书写究竟能不能被称为艺术？尽管人们曾对这个问题争论不休，不过把书法归为艺术，大抵是不会错的。数，也就是算术，是技能而非艺术。

无论如何，相较于我们今天常常提到的"艺术"，中国的"艺"在范畴上是更为广泛的，总的来说，它并不是指那些专业的艺术门类，而是指有见识或有风度的人理应具备的素养。

这么说来，难不成在中国就没有专业的艺术了吗？当然不是！事实上，在中国，专业的艺术可谓是特别的存在，譬如金石，亦如绘画。雕刻被归为金石；建筑被划为木工，因而常常为人忽视；在很长一段时间里，各种各样的美术工艺也都被划入了金石这一门类。

在中国，金石包括铜制的祭祀用品、饮食用具、古钱币、兵器、文具、容器饰物、铸像等金属类物品，和石碑、石碣、石雕、玉器、砖瓦等玉石质类物品。中国人向来对金石尊崇有加，不过，他们所尊崇的并非是金石的艺术价值，而是金石的古董价值。换句话说，这种与书画金石有关的学术，其实是考古学意义上的艺术，或许我们应该称之为艺术方向上的考古学。

正因如此，源自中国的艺术论，其基础定然是书画金石。最近一段时期，美国人约翰·科尔文·弗格森（John Colvin Ferguson）就抱着这种想法对中国艺术进行了解析，就某种意义而言，其见地颇有意思，不过与我将要讨论的建筑层面的话题并无关系。建筑，亦是一种艺术门类。中国的金石与雕刻、绘画联系紧密，但建筑却独立其外。所以，在我看来，我们在讨论中国建筑的历史时，不必深究金石之道，但也不可对金石视而不见，尤其是在对古代建筑进行考察时，难免要涉及金石，好让二者互为参照。

在中国和日本，建筑学历来受人忽视；与之相反的是，在欧洲，人们一直对建筑学颇为重视，所以欧洲的建筑学研究方法也发展得更为迅猛。在讨论中国建筑的时候，我借鉴了欧洲先进的研究方法，但在讲解中国特有的建筑时，我还必须得做一些特殊的准备工作。在这些特殊的准备工作面前，欧洲人多半会心有余而力不足。我所采用的研究方法既超脱了以书画、金石为基础的传统的中国式研究方法，又不失对书画、金石的尊崇，以期从中有所收获。所以，在本书所探讨的建筑史，尤其是古代建筑史中，书画、金石的身影将随处可见。

中国建筑的历史所及甚广，并不是三言两语就能讲清楚的。然而，目前的情况是，留给我的时间并不太多，要完成这个任务的确有些强人所难，先不说追根溯源的难度有多大，单是要将要点讲清楚就已绝非易事。我唯一能做的便是尽一己之力，让这本书看上去没那么艰涩难懂，当然，在讲解一些专业知识时，难免也得用上几个不那么通俗易懂的词汇。在这一点上，还希望各位读者能多多包涵。

第一章　总论

第一节　中国建筑的定位

　　在建筑学上，中国建筑的定位是什么样的呢？从古至今，全球建筑大体上被分为东西两派，按照这一标准，中国建筑理应被划分为东方建筑。"东方"这个说法，究其本质，是以欧洲为"中心"而出现的，"近东""远东"之类的说法，无疑指的是与欧洲之间的地理距离。不过，在建筑学上，东方建筑还包括了并存的三大建筑体系。

　　这三大体系分别为中国建筑、印度建筑和伊斯兰教建筑。它们各有千秋，各自发展，渐渐风行于整个亚洲大陆、非洲的北部地区，以及欧洲和东南亚的部分地区。换句话说，除了欧洲大部分地区，东半球的其他地方都已是东方建筑的天下。

　　中国建筑艺术为汉民族所创，以中原地区为中心，向南延伸至安南、交趾[1]地区，向北延伸至蒙古，向西延伸至新疆，向东延伸并进入了日本，面积足有一千两百多万平方公里之广；那五亿多的

---

　　[1]　中国古代地名，现地理位置为越南北部、中部及中国广东、广西的大部分地区。

人口，足足占去了全球总人口的三成。在这片广袤的土地上，在那隐秘深奥的历史长河中，中国建筑艺术萌生而出，发展演进，承古迎新，源源不断，继而成为建筑界的一束恢宏之光，令所有人赞叹不已。

印度建筑艺术起源于印度的五河地区，准确地说，萌生于沃野千里的印度河与恒河流域，而后逐渐发展壮大，遍及印度、后印度的东印度群岛大部分地区（不包括安南、交趾地区），拥有超过八百三十万平方公里的地域面积，以及三亿五千万左右的人口，人口为全球总人口的百分之二十。不可否认，印度建筑艺术可谓源远流长，性质也相当特殊，然而，在伊斯兰教"登陆"印度之后，便逐渐失去了其本真的风貌。

伊斯兰教建筑艺术的发源地是阿拉伯，伴随着伊斯兰教的风行，这种建筑艺术很快便遍历全球，所涉及的地理范围，可谓无出其右。在亚洲，只有西伯利亚的大部分地区，以及日本尚未被伊斯兰教影响；在非洲，只有南部与中部的很少一部分地区还没有被伊斯兰教侵入；在欧洲，俄罗斯的南部地区，以及巴尔干半岛的小部分地区，阿拉伯文化的影响依然历历在目。曾几何时，伊斯兰教盛行于西班牙，植根于西西里岛；它所辐射的地区具体有多大，我们不得而知，不过应该不会小于四千五百万平方公里，要说人口，应该也曾一度达到过三亿吧！不过，时至今日，伊斯兰教建筑艺术早已风光不再，就连曾经昌盛至极的巴格达文化与莫卧儿王朝时期的印度伊斯兰教建筑艺术，也都只剩下些断壁残垣了。

就东方建筑所包含的三大建筑体系而言，眼下依然饱含着生命力，依然屹立在世界之巅的，恐怕就只有中国建筑了。国家命运不济以致印度建筑艺术走上了下坡路，伊斯兰教建筑艺术也难抵颓然之势。至于中国建筑艺术，可圈可点之处颇多，在其巅峰时期，不少作品都堪称世界顶级，这一认知已经得到了世界的认可。近年来，欧美的研究者们对中国建筑艺术兴趣盎然，这也是为什么他们会对中国进行深入的研究，无论是从考古领域，还是文学领域，不管是从艺术领域，还是其他诸多领域。

中国建筑艺术诞生于何时何地？而后又如何发展壮大？要解开这些谜团并非易事。诞生于何时，怕是任谁也说不清道不明；诞生于何地，或许也是永远的秘密；如何发展壮大，就更是无人可知了。然而，中国建筑艺术显然是自成一派的，并非源自他乡别国。有人说，中国人，包括汉族的先祖来自西亚地区，所以中国建筑受到了巴比伦文化和亚述文化的深远影响；还有人认为，中国建筑在性质上与迈锡尼式建筑有相通之处。对上述观点的评判，我们暂且留作他日再讨论。不过，毋庸置疑的是，由汉族创造的中国建筑拥有某种令人惊叹的特质，就像直觉告诉我们的那样，它的格调和欧美建筑截然不同；它属于东方建筑，但又和印度建筑、伊斯兰教建筑迥然相异。想解释清楚这种神奇的特质是相当艰难的事，不过，我还是想要在接下来的论述中尝试一下。对于中国建筑的艺术价值，想必一千个人会有一千种认知，而在我看来，中国建筑不仅气势恢宏，而且拥有不可思议的工艺。

第二节　外国人眼中的中国建筑

从古至今，与中国建筑有关的研究一直乏善可陈。因为中国人并不太重视建筑，相关文献自然也就很少。我知道的文献只有宋代的《营造法式》、明代的《天工开物》及近代编著的几本书。这些著作写得都很艰涩，而且和当下的建筑学迥异，因而对我们的帮助并不太多，说来实在是一件憾事。

欧美研究者对中国建筑的关注，大抵也就百年。虽然近期的探究愈加深入，但是这种探究依然显得很幼稚，似乎还没找到窍门。研究工作举步维艰，这是为何？究其原因，多种多样，譬如以下几个。

第一，最初，在欧美人的心目中，中国的地位是很低的；他们低估了中国建筑的重要性，压根就没打算要好好研究。

第二，欧美人对中国建筑的实际情况是很不了解的，他们只看到了沿海部分地区的少数建筑，并坚持认为中国建筑在形式、工艺、审美上与欧美建筑有着天壤之别，是一些偏离了正轨的奇形怪状的东西，所以，他们选择一笑而过，不了了之。

第三，欧美人不了解中国的历史。站在建筑面前，却看不到建筑背后的历史，这也难怪他们提不起兴趣了。因为不了解建筑演变的经过，他们看不出哪些建筑是新的，哪些是老的，哪些建筑又有异曲同工之妙。这样一来，他们对中国建筑的研究就变得七零八落了。

第四，欧美人看不懂中国的古代文献。最近一段时期，我们看到了一些天赋异禀，熟读中文的欧美学者，但在此之前，欧美学者多半都对中文一知半解。不了解建筑的历史，又如何研究建筑呢！

第五，在欧美人眼中，去中国做研究无异于一场艰难的"探险"。他们完全不了解，在中国这片土地上存在着多少珍贵文物，正是这一点，极大地阻碍了他们对中国建筑进行深入研究。

基于以上种种原因，欧美人笔下的中国建筑著论无一例外都是不切实际、粗制滥造的。例如，大约在四十年前，英国人詹姆士·弗格森（James Fergusson）在《印度及东方建筑史》（*History of Indian and Eastern Architecture*）一书中写道：

> 在中国，没有哲学、没有文学，也没有艺术。中国建筑没有一点艺术价值，只是工业制品罢了，不仅十分庸俗，而且还缺乏合理性，就像小孩子闹着玩做出的东西。

说中国没有哲学，也没有文学，俨然是盲人摸象，荒谬至极。弗格森之所以认为中国建筑缺乏合理性，是因为那些屋顶的轮廓大多是曲线型的，尤其是屋檐反翘的弧度很大。欧美人一般都认为，建筑的顶部轮廓理应是直线型，曲线型是不合理的。这样的观点实在是大错特错，谁说建筑的顶部就必须是直线型的。在中国，人们定然会觉得那些欧美建筑才是缺乏合理性的。简单地说，弗格森只承认自己国家的建筑是合理的，并用这种单一的标准来衡量其他国家的建筑，这就好比用自己国家的语法规则来评判其他国家的语言习惯，并认为其他国家的语言这也不对那也不对一样。

在弗格森看来，中国建筑就像小孩子在闹着玩，这或许是因为他看到中国建筑的堂、塔、房的顶部常常装饰着一些有趣的，如同玩偶一般的人物或动物形象，屋檐位置常会挂着风铎，风动体鸣，令人心旷神怡。弗格森的看法带着个人的偏见，不难看出，他尚未体会到中国建筑的风趣神韵。

弗格森的错误并非只有上述几处，他在诋毁中国建筑的同时，还影射了日本建筑。他对日本建筑嗤之以鼻，认为"日本建筑也是既庸俗又缺乏合理性的，因为它保留了中国建筑中的糟粕，不足挂齿"。

再来举一个例子，就在十几年前，英国的建筑史学家弗莱彻爵士（Banister Fletcher）在其著作《世界建筑史》（*A History of Architecture*）的末尾一章"非历史形式"中论述了伊斯兰教建筑、印度建筑，以及中国各派系建筑，与中国建筑有关的那几页论述毫无系统性可言，在这里我们就不做引用了。弗莱彻定义的"非历史形式"存在偏颇之处，对于这一点，我们日后再详细探讨。不仅如此，他还将中国建筑列为令人无以言表的奇异建筑，就像古秘鲁建筑和古墨西哥建筑一样。这样的观点简直令人不明所以。

迄今为止，人们尚不得而知古墨西哥建筑和古秘鲁建筑的真实模样，因为它们确实已经绝迹了。我并不觉得它们是伟大且极具价值的，它们只是存在于西方对东方的考古兴趣之中。与之不同，中国建筑欣欣向荣了好几千年，直到今天依然傲然鼎立于世，为五亿人民遮风避雨。这一切莫不证明弗莱彻的划分是有失公允的。

在弗莱彻眼中，中国建筑规行矩步，如出一辙，在漫漫时光中抱残守缺，毫无新意，只能说是工业制品，而非艺术佳作。唯一吸引弗莱彻的是中国的塔，他对此兴味颇浓，就这方面来说，弗莱彻的思想比詹姆士·弗格森略微进步了些许。

弗莱彻的这一观点显然也是不正确的。事实上，中国建筑千变万化，没有见识过的人自然看不透彻。这就好比，在日本人看来，欧美各国的人长得都一样，只有见得多了，才能看出各种差异。弗莱彻认为中国建筑规行矩步，如出一辙，只能说明他并没有对中国建筑进行深入研究。

近来，德国人奥斯卡·明斯特尔堡（Oskar Münsterberg）出版了《中国艺术史》（*Chinesische Kunstgeschichte*）。这部书分为两册，其中有一个章节写的正是建筑史。

尽管他的思想比弗莱彻又进步了一些，不过他仍然认为，中国建筑既庸俗又缺少变化，无论是民宅，还是宫殿，抑或是寺院，都规行矩步，如出一辙。相同的是，他也觉得塔这种建筑很有意思，是富于变化的，对此，他讲解得有根有据：

　　塔是从印度传入中国的，而非中国原生，因此呈现出了各种变化，这和中国建筑墨守成规的特质颇为不同。另外，塔与堂是不会同时并存于一处的。欧洲建筑中的会堂与钟塔，最初也是各安其位的，后来逐渐融合在了一起。然而，中国建筑中的佛堂与佛塔，永远也不可能融为一体，因为一个是中国建筑，另一个是印度建筑。

芒斯特伯格对北京的宫殿建筑赞叹不已，"不愧是彰显中国帝王威严的宏伟奇观"，接着又说，"之前有日本建筑学家称，宫殿建筑的营造工艺落入了窠臼，不过就整体而言，可以说瑕不掩瑜"。他所说的"日本建筑家"其实就是我和我的同事们，我们曾前往北京对宫殿建筑进行过考察，并在帝国大学工科大学（现东京大学工学部）的学术刊物上发表了研究结果及报告。

芒斯特伯格在其书中所列举的诸多建筑例证都不太合适，而且对建筑年代的鉴定也模糊不清，所以他的结论难免有失公允。

除此之外，欧美研究者还对中国建筑做了很多其他以偏概全的研究和讨论，在这里，我们就不一一列举了。当然，对于一些和建筑休戚相关的学术研究，我们理应重视。近年来，考古探险活动，以及一般艺术的探险活动风生水起，同时，具有世界级影响力的伟大作品也层出不穷。如我们所知：在英属印度政府的支持下，斯坦因对克什米尔至和田一带进行了探索，收获颇丰；法国人伯希和掀开了敦煌石窟的神秘面纱，让中国六朝至唐代的珍贵艺术光芒重现；法国人沙畹去了中国北部地区；德国人勒科克去了吐鲁番地区；俄国人奥登堡则去了新疆的部分地区，所有这些人都频繁且迫不及待地将自己的探险成果公之于众。

欧美研究者的成果令日本研究者汗颜。在日本，与中亚地区的探险活动有关的权威著论只有大谷光瑞及其同行者所撰写的《西域考古图谱》一书，与中国内陆的探险活动有关的报告，论述大多支离破碎，既看不到系统性，也看不出任何结论。然而，其实日本研究者的探索早已触及了中国的诸多领域，譬如军事、政治、商业、科学、艺术，等等；另外，在日本，各怀目的的各界人士也在进行着一些颇具专业性的探险活动。不过很遗憾，上述这些探察活动几乎都是独立进行的，不仅缺乏相互之间的联系，而且还缺少研究的框架系统，此外，这些探险的规模一直都不大，收获也不值一提。更何况，日本研究者在发表成果方面，通常都谨小慎微、缺乏积极性，就算有人很想发表自己的成果，但机会又总是可遇而不可求，这便是为什么日本研究者很难发表出世界级论著的原因之一。这的确是一种遗憾。

虽然这么说，但在探索中国这件事上，譬如中国艺术和中国历史等，则无人能出日本研究者之右。从古至今，日本与中国的关系堪称密不可分，所以，日本研究者自然比那些欧美研究者们更懂中国。中日两国的文字是相通的，日本研究者不仅看得懂中国文献，而且在前往中国内陆进行探险活动时也不会遇到太多麻烦；就兴趣点等方面而言，也是相通的，所以，在探索中国这件事上，日本研究者理应走在前头。不过，成也萧何败也萧何，日本研究者虽然熟知中国，但往往也只懂得些皮毛而已，这对探索中国的精妙之处造成了极大的阻碍，让我们难以从本质上发掘出新东西。欧美研究者对中国的了解向来都很少，这反而为他们提供了全新的视角，让他们有机会收获跨越式的独特发现。

德国汉学家希尔特[1]笔下的《中国古代历史》著作便不再墨守成规，直抒新颖见地，实在令人叹服。当然，他也是受了其所处环境的影响。

第三节　研究中国建筑的方法

在研究中国建筑时，需要做两方面的探索：一是文献研究，二是史迹调查。二者结果若是相符的，那么就可以视其为事实。

中国文献的现状足以令世人侧目。有据可查的文献可追溯至周代，也就是四千年前，实在是世间罕见；就规模而言，可谓浩如烟海，无边无垠。任凭谁也不可能纵览所有的文献，可想要实实在在、彻彻底底地对中国建筑史进行研究，又必须投身其中，聚精会神地去找寻全新的蛛丝马迹。这就好比在广袤的沙滩上找寻一枚金刚石。当然，在中国文献中，也不乏夸大其词的记载，将信将疑之间，去伪存真便成了关键。

史迹调查是个十分庞杂的工程。夏商周三代以来的遗址散落在

---

[1]　希尔特，一八四五年至一九二七年，精于古代中西文化交流史和中国美术史，旁及中国文字、艺术和工艺等。

中国境内各处，宛如满天繁星，不计其数。为了力求研究工作的全面性，研究者不仅要熟悉这些遗迹，还要亲自探访它们，如此一来，所要付出的时间和精力将十分可观。

举个例子，研究者在某处发现遗迹后，第一步是研究文献资料，以找出遗迹的相关信息，譬如年代等；第二步是研究该遗迹的形式、工艺、材料和工程情况。倘若实地考察的结果和文献资料的记载一致，那么就可以视其为真实；假如二者结论并不全然相符，那么就麻烦了。毕竟，文献有可能以讹传讹，遗迹也有可能为后人重建。当地的异闻传说通常也颇为重要，不过不可全信。在这种情况下，人们的意见总是很难统一，以致争论不断。

总而言之，针对中国的建筑文献与建筑史迹的研究，眼下还不太成熟。尽管我在这里对中国建筑史所进行的论述远谈不上完善，但我不得不去努力尝试。请允许我对自己研究中国建筑的历程做些简单的介绍吧。截至目前，我已六次踏上中国土地。第一次，去了北京，对周边地区进行了考察；第二次，自北京出发，沿途经过了河北、山西、河南、陕西、四川、湖北、湖南、贵州和云南，最后到了缅甸；第三次，去了中国东北的奉天地区；第四次，去了江苏、浙江、安徽、江西等地；第五次，去了广州。收获颇丰。然而，中国幅员辽阔，我去过的地方只是沧海一粟罢了。眼下，我已身处山东境内，继续着始于几年前的第六次考察。考察山东是一项十分艰巨的任务，中国古代的齐鲁大地便在于此，不用多说，其遗迹之丰富，在中国首屈一指。夏商周三代遗迹有齐桓公之墓、孔孟之墓；秦代遗迹存于泰山；汉代遗迹有武梁祠；六朝、隋唐及以后的遗址包括青州云门山、驼山、济南府附近的佛迹、曲阜文庙的石碑，等等。

单是要考察山东一地的所有遗迹都如此艰难，更别说考察全中国的遗址了。研究中国，研究中国建筑的宏大伟业的完成之日，恐怕不是我们这一代人能希冀的了。在这本书里，我只能按照所收集来的资料来论述我的想法，等到将来所做研究更进一步，再来修订和完善。对此，希望读者们能理解。

在此插入一段话，其内容不失为研究中国建筑的一种方法。

对于那些志在研究中国的人们来说，无论选择的是何种研究方向，对汉字的研究都是至关重要的。在本质上，汉字和他国文字毫不相同。它本身就是史料，极具研究价值和历史意义。在建筑学上，对中国古建筑上的文字进行研究，就相当于是在对建筑进行研究。

对汉字的研究其实也已形成了一个专业领域，在此不做赘述。不过，形成汉字的关键在于写实，也就是象形化。在研究象形文字时，我们可以看出实物的形状和性质。对原始的象形文字进行认读，是一份十分特殊的工作，而且很是困难。在这里，我简单介绍几个有关建筑的文字，以期能说明这一研究的重要性，以及汉字的有趣和丰富。

有关建筑的汉字大多都以"宀"为部首。"宀"即对建筑顶部形状的写实，表示的是房屋，同时，屋顶形状也有所表现，譬如家、宇、宫、室等字。堂，上半部为"尚"，比"宀"多了一些顶部装饰。亭，上半部为"亠"，有省略之意，表示建筑顶部形状较为简单。

以"广"为偏旁的字，大多表示的是建筑顶部只有一侧斜坡，譬如廊、庇、庑、廓等字。我们很容易就能想象出古代的这些建筑，它们只有一面墙，另一面由立柱支撑，是单面坡顶式的檐廊之类。"厂"这个偏旁亦复如是，表示的是更为简单的屋顶形状，譬如厕、厨等字。

门、窗等的古体字也表现出了明显的写实痕迹。窗，古体字为囱或囧，意象为嵌入各种精巧窗户的格子。按照文学士后藤朝太郎先生的说法，囱和囧的古体字可分为以下几种写法，表示的意象均是窗户的轮廓以及嵌入的格子。

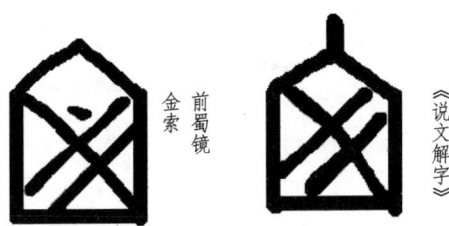

囱，古音为 tāng，是窗字的古体字，"在墙曰牖，在屋曰囱"。

囧，古音为 kǎng，象形文字，《说文解字》一书提到"囧者，窗牖丽廔闿明"。

除此之外，文字的结构还能为我们提供与物体材料有关的信息，譬如柱从木、甓从瓦、钉从金，等等。中国建筑的基础材料是木材，所以大多数建筑专业词汇都是以"木"为偏旁的，譬如柱、楹、梁、栋、枕、栱、棋、檐、帐、楣、桁，等等。

看起来我们似乎有些偏离主题了。我们还能从文字的结构中观察出某个字是如何形成的，譬如"葬"这个字，不难看出，逝者是

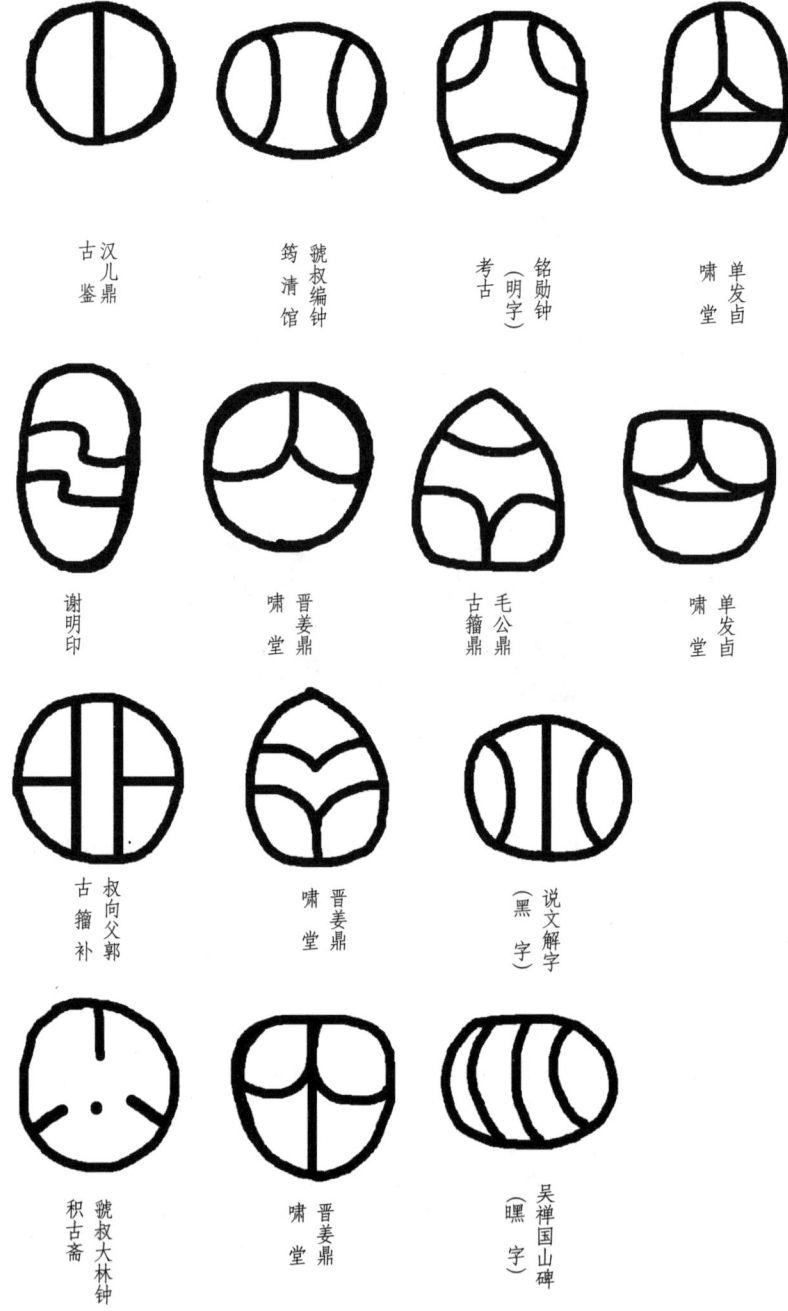

汉儿鼎
古鉴

虢叔编钟
筠清馆

铭勋钟
（明字）
考古

单发卣
啸堂

谢明印

晋姜鼎
啸堂

毛公鼎
古籀鼎

单发卣
啸堂

叔向父郭
古籀补

晋姜鼎
啸堂

说文解字
（黑字）

虢叔大林钟
积古斋

晋姜鼎
啸堂

吴禅国山碑
（曌字）

被置于草间的，由此可见，"葬"字的起源和古老的丧葬传统密不可分，这里面还隐含着葬与墓这种建筑的渊源。"御"字的意思是用手推行或停止车乘。在古文字中，"卩"书写为"屮"，是"手"的意思。"囱"加上"月"便是"朙"，这并不难看出来。再后来，"朙"又演化为"明"，彻底构建出"日月同辉"，也就是光明的意境。不过，演变后的文字在趣味性上便不如"窗外有月"那般深厚了。这也是古代中国人追求风雅兴味的一个方面。

第四节　中国的国土——地理

对于世界上的任何一个国家而言，艺术都萌生自国土与人民之中。国土与人民，可谓艺术的父与母。正因如此，我们在对中国建筑史进行探讨前，需要先了解一下中国的国土与人民。

首先来了解下中国的国土。在本书中，中国的国土指的是中国的本土，也就是黄河流域、长江流域，以及汇入东海的江河流域。确切地说，这块区域位于亚洲大陆东部，自东向东南方向，以渤海、黄海和东海；自西南向西，以高山为边界，和印度等国相隔；自西北向北，于大漠黄沙之中和蒙古相接。中国国土无疑是闭塞的，因而从这里萌生而发达的艺术，自始至终都是独善其身，不受外扰的。

尽管在漫漫的历史长河中，西域、印度、西亚、西欧等地区和国家的文明逐渐来袭，不过，一开始那段相对闭塞的时期当中，这样的中国文化还是将汉族那集大成的传统体现得淋漓尽致，同时还对周边民族产生了深远的影响。朝鲜、日本、安南、琉球等国家和地区传承了中国文化，都在使用汉字、年号、方孔钱币，这种情况在世界上可谓是独一无二的。

和欧洲艺术一样，中国艺术也会因地区的不同而存在差异。在中国，北方建筑、中部建筑和南方建筑自成一派，这种情形就好比在欧洲，英、法、德、意等各个国家的建筑各具风格。总的说来，简单使用中国建筑或欧洲建筑这样的词汇，的确太含糊不清了。在中国，尽管各个地区拥有一定相似之处，不过，细微之处其间的差异也是显而易见的。究其缘由，一是土地情况各不相同，二是民俗也有差异。

若以建筑为研究对象的话，那么中国国土大体上可以被划分为三大地区：第一个是黄河流域，位于中国的北方；第二个是长江流域，位于中国中部地区；第三个是汇入南海的江河流域，位于中国的南方。

中国的北方，即当今的河北、山东、山西、河南全境和陕西北部、甘肃大部分，面积为一百一十万平方公里左右。除去黄河下游和山东，其他地区都是土地贫瘠、气候恶劣，山地土石裸露在外，植被稀少，只能在河岸边看到些许柳树。北方的河流通常都河床外露，平日里干涸无水，下起雨来又变身为洪水猛兽，摧城毁田。狂风自蒙古那一面吹来，飞沙走石，人畜难觅。不可否认，这里的风貌是凄凉不堪的。

这样的风貌，从古至今，未曾改变。从尧舜时代起，黄河就时常泛滥成灾，大禹治水的场面，其实不难想象。要知道，黄河源头的山地地区，既没有多少植被，平日也很少降雨，所以一遇上暴雨，洪水就会如猛兽般来袭。我们说黄河源头的山缺少植被，并不是空口无凭，最好的证据来自中国唐代诗人杜牧笔下的《阿房宫赋》："六王毕，四海一。蜀山兀，阿房出。"意思是，秦始皇在咸阳修筑阿房宫，所采用的木材大部分都来自蜀山，最后导致蜀山中的树木都被砍伐殆尽。我们不禁会想到，倘若那时候，咸阳周边山林中的树木足够优良，那么秦始皇大概也不会兴师动众地让人到四川的山里去砍树，再历经艰难、跋山涉水地把木材运送到咸阳。我们读了《阿房宫赋》便不难知道，在那个时候，秦代的国都附近属于黄河流域，而黄河流域的山上少树，这种情况直到现在也没太大改观。阿房宫的建筑材料多为木材，印证这一点的是，项羽在阿房宫放的火足足烧了三个月。

在中国的北方，木材是特别稀少的，因此建筑材料多为黏土和砖瓦。当然，黏土和砖瓦的原料是足够丰富的。直到当下，在和蒙古接壤的边境地区，村庄中的大多数民宅也是用黏土修建的。墙壁由黏土堆砌而成，质地粗糙；将高粱秆架在房梁上；再将黏土铺在高粱秆上，至此，房顶就建好了。高粱作为这一地区唯一的农作物，高度通常五六米；那些民宅房梁通常三四米，所以高粱秆是足够长的。这样的房屋自然是抵挡不住暴雨的，幸而在当地下暴雨的情况少之又少，只是时常狂风大作。当然，这样的房屋一定会为狂风所破，被毁了，就重建，当地人倒也觉得无妨。

稍微好一点房屋采用的是砖瓦材料，质地偏软，较为粗糙，似乎从远古时期流传下来的。砖瓦是从什么时候开始成为建筑材料的，我们尚未找到足够确切的证据。《史记·龟策列传》里说"桀为瓦屋"，由此可见，从夏朝起，人们就在用砖瓦修建房屋了。再久远一些，舜曾经在河岸边修建起了陶穴，这也说明，在有确切历史记载之前，中国的人民就已经开始以瓦、陶、砖瓦等材料修建房屋了。

河南洛阳以西至陕西北部这一地区的人们，多居住在一种类似于洞穴的房屋中，这种房屋是在山坡的垂直面上横向挖掘出来的。窑洞里的房间通常都有好几个，居家陈设都相对考究一些。有人说当地原住民并非汉人。由于建筑材料稀缺，再加上气候恶劣，因此才形成了如此传统。《易经·系辞》有云，"上古穴居而野处，后世圣人易之以宫殿"，不难看出，穴居是远古时期的风俗之一。在《诗经·大雅》中，我们也可以看到相关的信息，例如，古公亶父带领周姬族群来到沮水、漆水流域，并根据自然条件建起了窑洞。

不过，随着人文科学的日益发展、交通的日趋便利，其他地区的建筑风格逐渐融入了北方建筑中。北方建筑开始采用木材等其他建筑材料，最终形成了当下砖木混用的建筑特点。换句话说，在中国北方，建筑材料的演进次序为：黏土—砖瓦—木材—砖木混用。

中国北方建筑的气质通常都很敦厚稳重，原因和这一地区的风土人情有关。在我看来，尽管都是汉族人，但是生活在北方的汉族人身材高大壮实，模样憨厚，性子较慢。这里的建筑就像这里的人一样，殿堂庙宇皆大气磅礴、悠远厚重，不标新立异，也不拘泥于小节，没有刻意而为之，庄重而不失活泼。

中国的中部，即当下的江苏、浙江大部、安徽、江西、湖北、湖南、四川、河南、陕西南部、甘肃东南部、贵州、云南北部，属于长江流域，大概有两百多万平方公里，囊括了一大半国土。这些地方大多土地肥沃，平原良田万千，山地茂林无边，江河众多，水系发达，往来便利，气候之宜人，物产之丰富，绝非北方地区能比拟。因此，要说中部地区是中国的命脉，不足为过。

萌生自中部地区的艺术，自然是繁盛、张扬、活力四射的；这里的人民，自然是才华横溢、英姿勃发的。中国自来就有"楚才"这一说法，楚地人才辈出，绝非偶然。楚地拥有相当丰富的木材，因而建筑材料多为木材。在湖南边界附近，我见过一些十分古老的房屋，看上去和日本的"天地根元造"式建筑颇为相似，材料全是木材，屋顶上铺满了茅草。其他的宫殿宅邸也都是采用的木材，鲜少见到混用砖瓦的建筑，如此一来，中部建筑所表现出来的气质，常常是轻松、愉快、热闹的。北方建筑，屋顶轮廓的曲线大多是舒缓且柔和的；中部建筑，屋顶轮廓的曲线则是强烈且直接的，装饰工艺也明显地繁复起来。图 1-1 为中国北方建筑的代表，位于北京市内的文庙大成殿；图 1-2 为中部建筑的代表，位于杭州市内的灵隐寺山门。对比一下这两座建筑，不难看出，它们的气质大相径庭。

从木材到砖木，在中部建筑的建筑材料中，我们没有看到北方建筑中常用的黏土。砖瓦房屋原是北方特有，后来被传到了中部地

图1-1　北京文庙大成殿　　　　图1-2　杭州灵隐寺山门

区；木屋原为南方特有，后来被传至北方地区。这么说，应该不会有错。

中国北方地区与中国中部地区的风貌迥然有异，这在画作中多有体现。描绘北方景致的画作往往气韵干练、形势险峻、山谷嶙峋，适用于大斧劈皴、小斧劈皴、乱柴皴、乱麻皴等皴法。描绘南方的画作则显得丰腴、润泽，米点山水甚为发达。就书法而言，北方书法以长安、洛阳为中心，雄浑苍劲；中部书法以长江一带为中心，婉约雅致。

中国南方地区，即现在的福建、广东、广西、贵州、云南南部、浙江南部，约为八九十万平方公里。就纬度而言，它有一部分地区在热带。北靠南岭山脉，东南临海，气候温润，土地肥沃。山覆茂林，江河无数，因此水资源丰富，水上交通很是发达。在如此风貌当中生活的人们，相较于生活在中部的人们，显得更灵巧敏锐，更上进，但也更激进。所以，我们在南方建筑身上，常可见到热带地区建筑所具有的标新立异的特点。

鉴于此，南方各地自然会以木材为主要的建筑材料。我曾考察过云南边境附近的吊脚楼，类似于日本的校仓式建筑，这种形式的房屋多见于木材丰富的地方。广东的房屋历来都是砖石混用的，那里的人们时常会用石头来砌墙，或许是为了防御白蚁，或者别的什么害虫吧，当然，这也证明广东是盛产石材的。

为了说明中国南部建筑的特点，在这里我们来看看位于汕头的一座庙宇（如图1-3所示）。这座庙宇的顶部被修饰得十分繁复，甚至比中部更为复杂。越是靠南的地区，这样的工艺就越凸显，譬如越南西贡（今胡志明市）周边唐人街堤岸的一座祠庙（如图1-4所示），我们很难对其顶部装饰的烦冗程度做出形容，甚至难以想象出它是怎么横空出世的，也揣摩不出设计者是怎么想的。

综上所述，中国疆域辽阔，各地的风貌和气候条件都不尽相同，

图1-3　广东省汕头庙宇

图 1-4　越南南部附近堤岸的祠庙

因此各地的建筑形式也是因地而异，不尽相同的。按照地域来划分的话，最为恰当的方法是划分为北方、中部和南方三大地区。就各地区的建筑风格来说，简而言之即：北方的敦厚稳重；中部的玲珑有致；南方的张扬激烈，这同时也是各地民众的性格特质。

　　这三大地区还可以被划分为诸多小地区。例如，中部地区的面积多达两百多万平方公里，其间各个地方的土地情况各不相同，江苏人与湖南人拥有不同的特质，各个地方的地理环境千差万别，越往四川方向去，风貌就越是不同。要知道，在中国有很多地方都保留着各自独特的建筑形式。值得庆幸的是，北方、中部和南方这三大地区，无一例外都是东西走向的，在纬度上几近平行，各有大江大河贯穿其间，好歹让流域内各地的民风民俗保持大同小异。倘若这三大地区是南北走向，在经度上相互平行，那么南端和北端的气候一定会大相径庭，从而导致其他方面的情况都发生变化，建筑形式自然就不可能有定式了。

中国国运自来受制于其地形地貌，具体来说就是中国的地形是西高东低，因此黄河与长江皆是由西向东流的，并把中国疆域划分为了三大地区。这三大地区，因其风貌完全不同，所以很难做到政治统一。中国历史，其实是受制于地形地貌的历史。如何看待这样的历史呢？请见下一节。

第五节　中国的国民——历史

中国历史，是一个相当重要且宏大的论题。我在这里对其进行简述，是因为它与中国建筑的历史密不可分。

创造出中国艺术的民族，是什么样的民族呢？我们先来看看它的缘起。法国著名历史考古学家拉克伯里（Lacouperie）所提出的"中国古代文化西源说"认为，这个生活在中国的，创造出特殊文化的特殊民族起源于古巴比伦及亚述地区。虽然从太古时期起，中国和西亚细亚便有了交集，不过这并不能证明亚细亚就是汉族的起源地。然而，汉族究竟起源于哪里，实在很难得到考证。

中国历史可追溯至何时？对于这个问题，当下的研究者们大多认定，周代以前的历史为上古传说。黄河上游是周代的发源地，周代的国都位于现在的西安附近，周人应该是汉族和外族通婚后留下的后裔，德国汉学家夏德称其为"半蛮族"。相传，其前朝的国都曾定于今天的山东、河北、河南的一带，由此可见，在有历史记载之前，汉族很早就在黄河下游的平原上生生不息了。

当下的历史学家，有些人认为周代以前是架空之传说。在夏德眼中，尧、舜都不是真实存在过的人，而是儒家缔造的人格化产物。换句话说，他认为尧、舜都是儒家用来宣传自身思想的工具，是臆造的圣贤。日本文学博士白鸟库吉还提出了"尧舜禹抹杀论"，认为汉族从来都有两种思想，即道教思想和儒家思想。为了宣传，儒家臆造出了圣贤尧、舜、禹的形象。尧代表天，舜代表人，禹代表地，实为天、人、地的人格化。在儒家经典《尚书》中，历史是从尧开始的，此前的情形只字未提。至于出现于尧、舜之前的三皇五帝，则是道教思想的产物，十分神秘。不管怎么说，中国的正史始于周代是很有根据的。

中国人自己记录的历史总脱离不了某种固定模式，完全不是今人想要看到的有趣的记载。很长一段时期以来，研究中国历史的日本学者始终受制于那个固定模式，因而很难推陈出新，往后在研究中国历史时，必须要跳脱出来才行。我们之前看到的中国历史，不是在记录人物的一言一行，就是在记录一些重大事件，而我们必须从中找出真实的历史。

那么，周代出现之后，即有史以来，汉族是怎么发展起来的呢？周代建立之初，国都被定在当时的长安附近，也就是丰这个地方，而后又向东迁移到了雒，也就是现在的洛阳，位于长安以东三百五十公里左右的地方，距离黄河更近了。文化中心沿黄河流域渐渐东移，最后落脚于黄河河口处的肥沃土地上。汉族东迁之后，原住民或汉化，或迁徙，现在闽、越、苗、缅等地的民族就是迁徙而来。在秦始皇时代，秦代的疆域已延伸至东海，中部、南方也被纳入一统。不过，秦代的国都依然被定在了长安附近，也就是咸阳，主要是为了防御那些对中原觊觎已久的，生活在北方和西部的匈奴人。

很多时候，生活在中原地区四周的其他民族会给汉族带来一些麻烦，尤其是生活在中原以北地区的匈奴人，他们向来就与汉族为敌。獯鬻、猃狁、犬戎等，尽管是不同的民族，但皆为生活在沙漠之地的游牧民族。因为物资匮乏，他们的生活通常都十分艰难，因而总是对中原地区的沃土垂涎三尺。生活在中原以西地区的藏族亦复如是。唯有东方一片汪洋大海，稍为安全些。至于生活在中原以南地区的民族，因为拥有丰富的物资，所以他们并没有侵入中原的必要。东夷、西戎、南蛮、北狄，是汉族对比邻而居的其他各族的称呼；中原地区，被汉族称为中国；他们认为中原文明更为发达，但实际上却常常受到北狄的入侵。这也是秦始皇要修建长城的原因。

取代秦实现中国一统的是汉。对匈奴实施怀柔政策，将国威远播至西域，在大汉时代，汉族迅速地发展壮大起来。就文化史而言，值得强调的汉家大事有如下两件。

第一个重要事件是，博望侯张骞受汉武帝派遣出使月氏，在路上被匈奴抓住并囚禁，逃出后继续一路向西，翻越了葱岭，抵达了月氏。那个时候，月氏占领希腊化世界中的大夏，与巴克特里亚王国合二为一，兼容并蓄了希腊文明。在月氏，张骞接触到了希腊文化。后来，他又到了安息，也就是帕提亚帝国，看到了更经典的文明物产。张骞未能遍历西域，但是从西域带回了希腊文明和西域物产，毫无疑问，这些文明物产极大地影响了汉代文化。

自此，中国与西域开始了互通有无的伟大历程。在东汉桓帝时期，罗马帝国皇帝安东尼·诺思[1]专门派遣了使者访问中国，当然，中国也派遣了使者进行回访。值得一提的是，在汉代，中国的丝织品就已经输出欧洲了，而欧洲也因此知道了中国。

第二个重要事件是，在东汉明帝时期，佛教传入了中国。大月氏的沙门迦叶摩腾[2]和竺法兰[3]带着佛法经典从今天的印度西北部，也就是当时的犍陀罗地区启程，翻越葱岭，来到中国洛阳，修建了一座佛刹，那便是白马寺。随着佛教影响力的扩大，佛教艺术也欣欣向荣起来，对中国艺术产生了深远的影响。当然，这里主要说的是印度建筑艺术，不过，因为来自犍陀罗地区，这些建筑艺术中定然夹杂着些许欧洲古典艺术的成分。

汉代之后，三国两晋随之而来。趁局势不定，西部、北部，以及东北部的各个民族齐齐入侵汉族，你征我伐，形成了"十六国"

---

[1] 原著音译，和《后汉书·西域传》第七十八中所记录的"大秦王安敦"应该是同一个人。

[2] 又称摄摩腾、竺摄摩腾，或竺叶摩腾，生卒年不详，中天竺人，印度佛教高僧。

[3] 东汉僧人，中印度人，相传能诵经论数万章，是天竺学者之师。

的混乱局面。没过多久，一众实力弱小的民族陆续被灭，最后只剩下两个民族在中国平分秋色，南北对峙，这边是中国的南北朝。北朝属鲜卑族拓跋氏，国号为魏，居于黄河流域，定都洛阳。南朝属南迁汉族，历经宋、齐、梁、陈四代，定都南京。北朝历经东魏、西魏、北周、北齐[1]。直到隋代，中国才再一次实现了南北统一，汉族也再一次掌握了统治权。在中国历史上，魏晋南北朝时期被称为六朝；因为是佛教艺术逐渐兴盛的阶段，所以备受世人关注。

取代隋一统天下的是唐。唐代的威望堪称冠绝亚洲，名扬西方。继汉代之后，中华民族又一次迎来了辉煌的发展，中国艺术也逐渐迎来了巅峰状态。同一时期的西方古典艺术已悄然颓败，基督教艺术又尚不足以撑起局面，文明的产物少之又少，所以亚洲成了世界文明重地。在亚洲，文明之光主要来自三处：一是西亚地区信仰伊斯兰教的国家，文化中心在巴格达；二是戒日王朝统治下的北印度；三是中国，文化中心在长安与洛阳。在这三处文明中，文化最辉煌的莫过于中国，印度、大食国等都曾派出使节到中国访问。日本也不例外，派出许多遣唐使、留学生前去学习中国的文化。

中国文化为什么能发展得这么好？这个问题很有意思，但我们现在还没有找到确切的答案。我个人的看法是，自汉代到六朝时期，中国恰到好处地吸收了外来文化，并将之融入了本土文化。事实也是如此。在唐代，面对世界各地文化的汇入，中国敞开胸怀，海纳

---

[1] 引自原著。

百川，取其精华，为己所用。举例来说，犹太教、景教、摩尼教、袄教、伊斯兰教等次第进入了中国，对此，中国非但没有驱逐镇压，反而开启了保护模式，实施着宗教自由的政策。到了今天，我们仍然可以在开封看到犹太教遗迹，在西安看到残存的景教古碑，而至今各个地区依然有民众信仰伊斯兰教。至于佛教，许多自印度而来的高僧们组织了多种多样的活动。

同时，中国文化也不断传入异国他乡，走出国门传播中国文化的人物也不计其数。例如，在六朝时期，东晋的法显由陆路行至哈拉和林，穿越崇山峻岭后到了印度，足迹遍布五天竺、锡兰[1]、爪哇，而后回到了山东。唐太宗在位时，玄奘自长安出发，同样选择了陆路，在翻越葱岭后，进入了印度西北部，然后遍历五天竺，而后借道吐鲁番回到大唐。唐高宗在位时，义净从海上到了印度，花费了二十五年之久才得以回到中国。无论是在佛教上，还是在历史上，法显的《佛国记》、玄奘的《大唐西域记》，以及义净的《南海寄归传》都是无比珍贵的史料。除此之外，还有很多人从中国远赴西域或其他地方，其中的杰出人物之一就有后来在日本奈良修建了唐招提寺的鉴真大师。

在大唐走下坡路的时候，蒙古人和通古斯人的混血后裔契丹人在东北地区一骑绝尘，后来还大肆南下，企图入侵中原地区；没过多久，现在的河北及山西北部就成了他们的囊中之物。契丹人建立

---

[1] 今斯里兰卡。

了一个国家，国号为辽。在大唐退出历史舞台之后，五代十国接踵而来，混乱一片。好在宋朝建立，乱世并未持续太久。辽国被建立起来之后，通古斯人的一支——女真，日益壮大，最终灭掉了辽，建立了金，对宋造成了极大的威胁。宋无奈不得不将国都从汴京，也就是现在的开封，迁移到了临安，也就是现在的浙江杭州，史称南宋。整个黄河流域都成了金的地盘，不仅如此，他们还将脚步迈向了长江流域。就在南宋与金议和期间，蒙古人自北方崛起，以迅雷不及掩耳之势征服了中亚、西亚地区，而后又蹂躏俄罗斯，直逼德奥。这便是成吉思汗的宏伟霸业。后来，成吉思汗的儿子窝阔台灭掉了金，他的孙子忽必烈将南宋逼上了绝路。南宋军队放弃了国都临安，逃亡到了海边，最终在广东崖山一败涂地。自此，蒙古人夺得了中国的全部国土，并建立了元，定都大都，即今天的北京。这是中国第一次完全被其他民族占领。

南北宋沿袭了大唐文化，不过都无法重现昔日的风采。尽管在绘画，及其他一些艺术门类中，我们可以看到禅宗的新特点，工艺品也是精美智巧，颇具观赏性的，但终归还是失去了大唐的雄风与霸气。

元代一面沿袭着宋代的文化，一面又另辟蹊径，形成了独树一帜的风采。究其缘由，元是拥有世界视角的，因而总是超乎常规。任用藏族人八思巴为国师；将藏传佛教定为国教；将意大利旅行家马可·波罗留下了十七年，并允许他参政议政；任用波斯人阿合马为宰相，委以国政；支持罗马教皇派来的使者在中国修建天主教堂；等等。一切作为都独树一帜。尽管元代只存在了短短的九十几年，不过它的历史却是那么鲜明且有趣，它的文化艺术也是那么特立独行。

取代元，让中国回到汉族怀抱的是明。明，定都现在的北京，前后存在了三百多年；虽有盛世之相，不过大多都是昔日文明的复兴，缺乏创造性。就拿哲学和文学来说吧，基本上就是将先贤之言重新复述一番，抑或是改编，因太过注重细节而本末倒置。艺术方面的情况也是如此，追求着一些无关紧要的工艺，鲜有创新。至于工艺品，大多都是为了出口而制作的普通货物，没什么鉴赏价值。永乐初期还有兴盛坚实的倾向，但到了明代末年，这种倾向也遍寻不着了。

明代末年，国运颓然。这个时候，生活在东北边境处的女真族爱新觉罗氏逐渐壮大起来，并趁着大明内乱之际，灭掉了明，夺取了天下，建立了清，定都今日的北京。这是中国国土第二次被外族侵占。

清代的文化沿袭了明代，但这种沿袭实际上就是一脉下滑。如果说明代的文化好比是欧洲的文艺复兴，那么清代的文化无疑就是完完全全的洛可可艺术。康乾盛世时的中国文化尚还有些闪光之处，但此后却江河日下，逐渐失去了风采。无论是学术还是艺术，都是一派死气沉沉的景象，无非是肤浅地重述着先人的思想，而这种重述定然是徒劳无功的。例如，尽管清代给世人留下了《康熙字典》《古今图书集成》《渊鉴类函》《佩文韵府》《西清古鉴》等大作，但这些作品皆是对古籍的整合重编，并不是什么新作品。艺术方面的情况并无二致，尽管留下了很多的大型建筑，不过大多数都是在重复历代形式，也没有超越历代水平。

后来，清代国运逐渐衰败，内忧外患接踵而至，后来又发生了鸦片战争、太平天国等重大事件。正值多事之秋的中国成为一众敌国的猎物，而当时当刻，"北狄"早已不是野蛮的游牧民族，而是咄咄逼人的俄罗斯，"南蛮"也早已不是向中国进贡的蒙昧无知的南洋人，而是气势汹汹的欧洲人。在从前，与汉族毗邻而居的"蛮族"大多都会被汉化，可这一次，这些"蛮族"却是不可能被汉化的；至此，原本处于循环往复中的中国历史终于改变了轨迹。清代已经不可避免地走上了亡国之路，可紧随其后的"中华民国"却还在黎明前的黑暗中彷徨。

综上，我对中国上下五千年的历史进行了简单的叙述。我们看到的中国历史，是汉族与外族轮番抢占中原地区的历史。相较于汉族，其他民族的文明程度显然要低一些，所以汉族才会轻蔑地称外族为"夷狄"，称领地为中国，并坚定地认为本民族是世上最优秀的民族。就武力而言，"夷狄"确实有过人之处，不过，因为民族文化薄弱，所以在汉文化面前总是难以自拔，最终被汉化。譬如，拓跋氏建立的北魏，在战胜汉族之后居于中国北部，自己"封杀"了自己的胡语和胡服，开始说汉语，尊汉俗。真是赢在马背，输在文化。由此可见，任何占领中国的外族，终究都会被汉化。

论打仗，的确打不过游牧民族，因此汉族另辟蹊径，以外交权术御敌克敌。例如，汉元帝大力实施怀柔政策，于是命王昭君出塞，与匈奴和亲；唐太宗为了拉拢吐蕃王，不惜让文成公主进藏。从古至今，汉族针对外族的外交策略都十分微妙。到了清末，欧洲各国对中国可谓虎视眈眈，但清代却对此不以为然，认为过不了多久，那些欧洲人就会被汉化。然而，随着欧洲各国的进一步侵入，清代陷入龃龉。

第六节　中国建筑的历史分类

对中国艺术史进行分期是十分艰难的工作。在这里，我将尝试着用两三个例子来论述一下我自己的看法。

英国的东方学家卜士礼认为中国艺术史可以被划分为三个时期：第一个时期是从远古至汉末的原始时代；第二个时期是从汉末至唐末的古典时代；第三个时期是自宋代至清代的由盛转衰时代。

我并不认为这样的分类是正确的，无论是周代，还是汉代，在文化上都是有赫赫成就的，自然不应被划归到原始时代。在第二个时期中，六朝、大唐也不应属于古典时代，而理应划分为鼎盛时代。在卜士礼的分期中，宋代之后被视为了"盛世"，但在我看来，宋代之后，中国的文化艺术其实已经开始颓然下落了，绝非"盛世"之风。对于第二个时期所包括的朝代，我也不太认同卜士礼的观点。我认为，应该将周之前的时期划分为原始时代；周、汉是古典时代；六朝、大唐是鼎盛时代；宋之后是衰退时代；明、清是衰颓时代。

德国汉学家夏德进一步将远古至唐代这段历史划分为了三个时期，第一个时期为前汉时代，即自远古至开通西域之路，中国本土艺术的辉煌时代；第二个时期是佛教传入后，希腊大夏文明对中国艺术产生影响的时代；第三个时期截止到唐代，佛教艺术的时代。

在我看来，这样的划分具有很强的学术性，要点也很明晰，不过遗憾的是，他并未对唐代之后的历史进行分期。

截至目前，德国人奥斯卡·明斯特尔堡所做的分期被公认为是最恰当的分期，详见下图：

前期
- 石器时代：公元前两千年以前，远古至夏中叶。
- 铜器时代：公元前一千年以前，至周初。
- 铜铁时代：公元前二百年以前，至汉初。
- 汉艺术兴盛时代：公元前二五六年至公元二二一年，秦汉时代。

后期
- 公元二二一年至六一八年，六朝。
- 公元六一八年至九六〇年，唐代。
- 公元九六〇年至一二八〇年，宋代。
- 公元一二八〇年至一三六八年，元代。
- 公元一三六八年至一六四四年，明代。
- 公元一六四四年至一九一一年，清代。

假如要把中国艺术史分作两大时期的话，那么最好的分界线莫过于汉末，此前为汉族传统艺术的兴盛时代，此后为随着佛教传入，深受各方艺术影响的时代。

接下来，他又将前期划分为了四个阶段，这是一件很有意思的事情。他没有直接使用夏、商、周等朝代的称谓，而是采用了石器、铜器等词汇来定义，这样一来，既表示出了对周代前朝真实性的存疑，又承认了考古学对史前文明的发掘（如表 1-1 所示）。

最初是石器时代，远古至夏中叶。毋庸置疑的是，在远古时期，生活在中国土地上的人们就已开始使用石器了，直至周、汉，遗风未尽。关于玉器，历来就有五瑞、六瑞、五玉、六玉之说，《尚书·舜典》提到了五瑞，《周礼·观礼》提到了六瑞。《白虎通义》提到了五玉，也就是珪、璧、琮、璜、璋五种礼器。

说到铜器，黄帝造铜器这样的传说自然是不可信以为真的。铸造铜器，要说也是商代的事了。从文献资料的记载和文物遗址的考证来看，铜出现在周代之前；铁出现在周中叶。在春秋时期，齐桓公（公元前六八五年至前六四三年）在管仲的建议下，对盐和针进行课税，因为这两样东西是每家每户都不可少的，如果课税，将会得到一大笔收入。那时候的针，是由铁磨成的，不过铁是否用于制造兵器尚未可知。

人们在什么时候发现了铁，今天的我们不得而知。在史书中，黄帝时期的蚩尤利用铜、铁保护额头，而黄帝还制造出了指南车。所谓指南车，其实就是车上装有磁石，而磁石可以指示出南北方向。由此可见，在黄帝时期，铁已成为人们的工具。不过，这种观点颇具争议。铁制兵器通常被认为出现于越王勾践（公元前四九六年至

公元前	朝代	年代	日本年代
2700	黄帝		
2600	少昊		
2500	顓頊		
2400	帝喾	第一期　石器时代	
2300	尧		
2200	舜		
2100	夏		
2000			
1900			
1800			
1700		第二期　铜器时代	
1600	殷	前	
1500			
1400			
1300			
1200			
1100		期	
1000			
900	周		
800		第三期　铜铁时代	神武天皇即位
700	春秋		
600	战国		
500	战国		
400	国		
300	秦		上
200		第四期　发达时代 汉艺术	
100	汉		古
0			
100			
200	西晋		
300	东晋	第一期　传入时代 西域艺术	
400	南北朝		
500	隋		飞鸟
600	唐	第二期　极盛时代	奈良
700	唐		平安
800			
900	五代　辽		藤原
1000	宋	第三期　低下时代	藤原
1100	宋　金	期	镰仓
1200	金		南北朝
1300	元		室町
1400	明	第四期　衰颓时代	桃山
1500	明		桃山
1600			江户
1700	清		
1800			明治
1900			明治

表1-1　中国历史年表

前四六六年）时期。到了春秋，楚王向风胡子询问兵器的发展历程，风胡子回答："轩辕、神农、赫胥之时，以石为兵；……至黄帝之时，以玉为兵；……禹穴之时，以铜为兵；……当此之时，作铁兵，威服三军……"另外，史料中还提到，吴国大将莫邪拥有一柄极为锋利的剑，可能是用铁铸成的。不过，周代的兵器都是铜制的，这一点有遗址和史料为佐证。秦始皇在完成统一大业后，将全国所有的兵器都回炉重造为"金人"了，而"金人"必定是由铜制造的，这是因为用铜造像并不算太难，但用铁造像却很难。

历史上有这样的记载：在博浪沙，张良将铁锤扔向秦始皇。我们无从判断那"铁锤"是否真的是用铁铸造的。到了周代末年和汉代初期，人们铜铁混用；直至汉代后期，人们才彻底放弃了用铜制造兵器，而全部改为用铁。不管怎么说，芒斯特伯格的分期方法还是很有意思的。

至于对后期各阶段的划分，芒斯特伯格沿用了历朝历代的名称，这似乎太简略了，因此我们做出以下调整，或许更妥当一些。

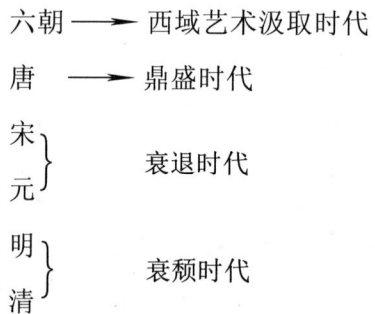

六朝 ——→ 西域艺术汲取时代

唐 ——→ 鼎盛时代

宋
　　　} 衰退时代
元

明
　　　} 衰颓时代
清

将宋代和元代划为衰退时代，可能会引起争议。的确，宋代和元代的艺术单独来看还不至于被称为"衰退"，而且拥有十分耀眼的闪光点。不过，相较于大唐盛世，那些光芒瞬间黯然失色，显示出衰落的势头。因为，我们不得不做出这样的评价。

类似地，将明代和清代划为衰颓时代，或许也会有人提出质疑。不过，我们还没找到一个更适合的名称，所以在这里先暂时沿用一下。

在本书中，我将以芒斯特伯格的分期为基础，取其精华，并会在论述时进行详细说明。

首先来看看，该如何对中国建筑进行分类。以建筑史的一般标准，较为简洁的分类方法如下：

（甲）宗教建筑

①坛、庙

②佛教建筑，如佛寺、佛塔

③道教建筑，如道观、风水塔、祠庙

④儒家建筑，如文庙、书院

⑤伊斯兰教建筑，如清真寺

⑥陵墓

（乙）非宗教建筑

①城墙

②宫殿、楼阁

③住宅、商铺

④公共建筑，如剧场、会馆、官衙

⑤牌楼、门、城关一类

⑥桥

第七节　中国建筑的特质

就全世界的建筑而言，没有哪种建筑具有和中国建筑相同的特质。接下来，我们来看看中国建筑最突出的七个特质。

一、宫殿本位

在对世界各国建筑的起源及发展进行了一番研究之后，我们发现，其他国家无一例外都是宗教建筑先行，整个建筑领域都会受到宗教建筑的影响。原因可追溯至原始时代，那时候，人类对许多伟大且神秘的自然现象恐惧有加，于是臆造出了天上神灵，并为了祭祀而修建起了神祠庙堂。人们把精力都花在了修建祠堂之类的建筑上，而忽视了对自身居所的修建。

然而，在中国，最先引起人们注意的是住宅之类的建筑，而宗教建筑却发展得十分艰难。为什么会这样呢？是因为古时候的中国没有宗教存在，还是因为宗教思想敌不过本位思想？这个课题看上去也很有意思。

显然，古代中国是有宗教的，人们祭天地、祭日月、祭山川、祭草木、祭先祖，这些传统习俗的本质就是自然物崇拜、先祖崇拜。不过，他们并不是因为信仰天地日月、山川草木皆有灵才祭拜它们；他们祭拜先祖，也只是为了让先祖以另一种方式活在后人的心中，而不是真的认为先祖们在天有灵。中国孕育出了儒家思想和道教思想，儒家看重的是人道，从来不会谈及鬼怪神灵之类。孔子"敬鬼神而远之"，也"不语怪力乱神"。弟子问起死这件事，孔子曰："未知生，焉知死？"总的来说，儒家不谈三魂五魄，也不谈世外神界。就这个层面上的意义而言，儒家的实质并非宗教，纵然它鼓励祭拜先祖，但其出发点并不具有宗教性质，而具有感恩先祖的道德性质。

道教，谈神灵，亦谈鬼怪。不过，它所说的神灵并非完全是空虚幻想之物，而是基于真实存在的事物，不同于印度宗教中的神，也不同于基督教的神。由此可见，道教的宗教性质其实也不太强烈。直到佛教传入后，为了对抗佛教，道教才发展出了自身的宗教仪式。

无论如何，生活在中国的人们通常都是缺乏宗教意识的，所以他们在宗教建筑方面的成就自然也就不太多。在其他国家，宗教建筑具有自身特定的形式，并且发展迅猛，单是外观就和普通的住宅建筑截然不同。然而，中国的佛寺和道观，就形式而言都和普通的住宅建筑相差无几。

在所有其他国家的建筑中，宗教建筑往往最壮观，最夺目。譬如，日本的奈良东大寺的宝塔、罗马的圣彼得大教堂、东罗马的圣索菲亚教堂、英国的圣保罗大教堂、埃及的金字塔和卡纳克神庙，等等。可是放眼中国，直至今日，最令人叹为观止的莫过于北京故宫的太和殿，其面积为六百一十三坪[1]左右；第二大建筑是位于北京北面的明十三陵中长陵的隆恩殿，其面积为五百八十坪左右。在中国的宗教建筑中，最大的是曲阜文庙的大成殿，其面积为三百五十坪左右；而面积超过三百坪的道观、佛寺，屈指可数。

在史料中，我们看到一些宏伟至极的宗教建筑。例如，北魏时期，胡太后在洛阳修建了天宁寺塔，据说塔高百丈。我们很难将其当真，若是当了真，那么秦始皇的阿房宫岂不是也得当真。据记载，阿房宫的殿前能立下五丈旗，殿上能够坐下万人左右，每走五步就有一楼，每走十步就有一阁，就这样延续下去，直至南山。若真如此，那么世界第一大建筑的桂冠定然非它莫属了。

中国，疆域如此辽阔，人口如此众多，没想到最大的建筑却仅有六百多坪，甚至比不上日本一些佛寺的本堂。不过，这看似矛盾的现象背后，其实另有深意。在中国建筑中，对"大"的追求绝非局限于一座楼宇或一间房屋，更多地则会体现在宫殿、门廊、亭台、楼阁之间的相互联系，浑然一体，蔚为壮观。相较于一座楼宇或一间房屋的"大"，整体的"大"更具庄严之气，更显帝王威仪。

如前文所说，我们在中国的古代史中，并没有看到纯正的宗教。人们更在乎当下的生活，更在意物质基础，这都是功利性的表现；纵然有祭拜天地、自然、先祖的传统，但并没有在修建相关建筑上投入太多的信仰和热情。只有到了祭拜天地、自然时，人们才会搭

---

[1] 1坪约3.3平方米，以原著所列数据换算下来，太和殿约为2230平方米，隆恩殿约为1920平方米，大成殿则约为1160平方米。

建祭坛，然后在祭坛上完成仪式。最初的祭坛甚为简陋，堆出一个土坛，砌上一些石头，再种上几棵树。国都南面近郊所搭建的祭坛，是供皇帝祭天所用的，也就是郊祭。此类遗址较为典型的当数今天北京城南的天坛。此外，北京还有地坛，位于城北；日坛，位于城东；月坛，位于城西。各方诸侯都会祭拜社稷，社就是土地之神，稷则是五谷之神。

祭拜先祖在天之灵的地方被称为庙堂。庙堂的形式与普通住宅无异，先祖的牌位悉数摆放其内以方便后人施礼。这种礼仪主要是指，在牌位前供奉食物，朗诵祭文。孔子有言，"祭如在，祭神如神在"，祭拜先祖时，如同先祖就在眼前。从这个角度来说，庙堂的形式与普通住宅无异，也就合情合理了，倘若采用别的什么形式，岂不是有悖初衷了吗。

太庙是祭拜先帝之处，尽管很重要，但形式也和普通宫殿无甚差别。此外，民族英雄或杰出人物也会被视为神灵而被供奉，其庙堂的形式同样没有特别之处。总之，在中国，首先得以发展的是住宅、宫殿等建筑，庙、祠等建筑都是从中延伸出来的。此前我们提到，有欧美建筑学家批评中国建筑墨守成规、毫无新意、停滞不前，想来也是出于这个原因，倒也并非无理。

二、平面结构

欧美建筑学家认为中国建筑没有推陈出新，原因之一是无论何种中国建筑，在格局上通常都是左右对称的。在其他国家的建筑中，通常只有那些用作举行仪式的建筑，或者用于观赏的建筑是左右对称的；而那些用于居住的建筑一般都会以实用性为基础，并在历经发展之后，逐渐形成不太规则的平面结构。可是，时至今日，包括住宅在内的所有中国建筑仍然沿用着左右对称的结构，这不能不说是世界建筑史上的奇迹。

从住宅类建筑的发展历程来看，在原始时代，人们建造出了平面结构最为简单的一居室，如果所用的建筑材料是木材，那么居室就会被建成直角形建筑。后来，家庭成员日益增多，一居室太过狭窄，人们便开始扩建。扩建的方式因家族传统而各有不同。若传统要求整个家族住在一起，那么人们就必须不断扩建居室，于是，不规则的平面结构便应运而生，并得以发展了。如果传统要求一人一室，或夫妇一室，那么人们就必须建造独立于原有居室之外的住所。汉族的家族传统属于后一种，因此一个家族总会修建好几座宅院，并依照固有的信仰、审美和爱好，将各个宅院安排得左右对称。

贵族们会把位于府邸正中的，面积最大的一间房，也就是正房，留给主人使用，夫人则住在正房背后的后房中。正房前面必然会有个宽敞的庭院，庭院两侧是左右对称的厢房，供眷族居住，面朝庭院，通过回廊相连。除此之外，还有厨房、仆人居住的下房、库房等。在中国历史上，这样的住宅格局，从未有过改变。当然，街道上的店铺都是按需设计的，通常不会刻意去追求左右对称的结构。

我们在图1-5中可以看到各类中国建筑的平面结构。总的来说，宫殿、佛寺、道观、文庙及书院、武庙、陵墓、官衙、住宅等建筑，基本上都是遵循相同的形式而修建的。就住宅而言，中心是正房，

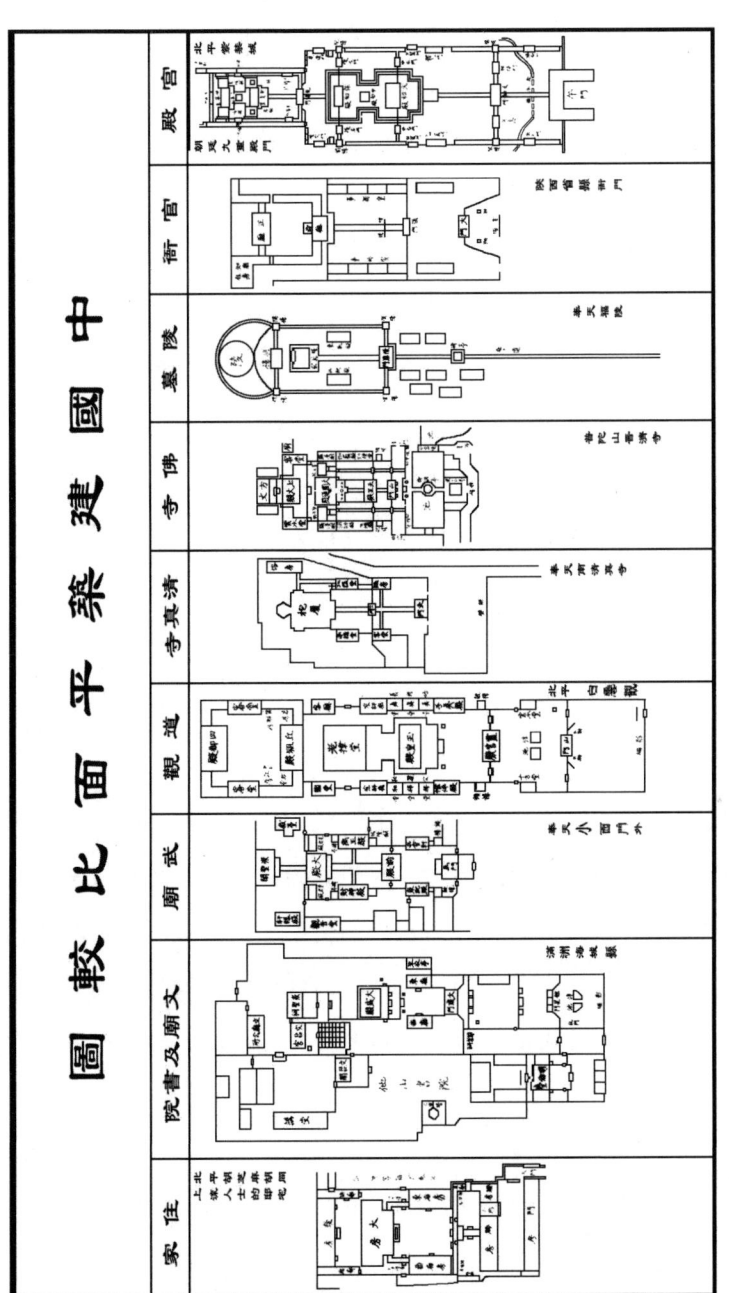

图 1-5　中国建筑平面比较图

面积最大，前有庭院，庭院两侧为左右对称的厢房，各厢房间建有回廊，以做连接之用。日本藤原期[1]的"寝殿造"承袭了唐代的建筑风格，在最初的时候，严格地遵循着左右对称的形式，不过到了后来，这种结构被渐渐打破，衍生出了和主殿融为一体的"书院造"，这也是现在日本普通住宅的发展历程。可是，中国不仅始终继承着传统旧式，甚至还为了能好好继承而别出心裁了一番，他们会特意建造出一些"多余"的房屋来保持左右对称的结构。中国人天生性情如此，我们在其他诸多领域也能得见，说来也是趣事一桩。

中国人极端追求左右对称这种结构，不但会将各个建筑安排得左右对称，而且还会将建筑内部也设计成左右对称。例如，无论是正房还是厢房，平面结构皆是长方形，通常一分为三，中间部分是会客厅，左右两边是起居室。外部设计亦复如是，门在中间，窗在左右。在会客厅里，桌椅左右而立；门框处，有对联贴在左右两边的立柱上。

被安排在左右对称位置上的各个建筑，还拥有对称的名字。例如，沈阳故宫的东门名为文德坊，西门名为武功坊；北京故宫的太和殿，左楼门名为体仁门[2]，右楼门名为弘义门，被如此命名的建筑可谓不胜枚举。日本也受到了此种习俗的影响，譬如平安京大内里八省院的建筑，太极殿前耸立着苍龙楼和白虎楼，应天门前耸立

---

[1] 属于平安时代，自废止遣唐使起，前后约三百年时间，是日本文化史、美术史上的重要阶段之一。

[2] 太和殿前广场东西为体仁阁、弘义阁，原文有误。

着栖凤楼和翔莺楼，里面的回廊等处还有建春门、宜秋门等等，无以计数。中国人素日里总是追求字句的工整对仗，说来那也是一种思想上的左右对称。在形容某个建筑蔚为壮观时，他们常常会使用高楼大厦、琼楼玉宇、丹楹碧甍之类的意境重复的词汇。律诗必须要对仗，这是绝对不可出错的；平日里的舞文弄墨也是字句成对，以展现文章的优美。这种审美后来极大地影响了日本人，他们也渐渐喜欢上在日常生活中出口成对，觉得乐趣无穷。不难看出，这样的传统确实拥有巨大的能量。

当然，中国人有时候也会根据不同的环境，为了满足一些特殊需求而放弃左右对称的结构，转而运用不规则结构。例如，北京故宫西苑，设计有弯弯曲曲的小桥，还有如波涛般起起伏伏的墙垣；杭州西湖上的九曲桥被设计为折线型。这些打破平衡的设计，其实都是在迎合环境的需求。说到九曲桥，想来日本严岛神社中的曲廊就是参照它而建的吧。

综上所述，中国建筑的平面结构大多为长方形，居室和回廊均采用左右对称的设计。在日本，大内里的八省院、丰乐院，以紫宸殿为中心的内里布局，寝殿造，宇治市的平等院凤凰堂等建筑都是遵循此传统而建造的。就像我们在上一节中所提到的那样，中国建筑追求的是由无数纵横交错的厅堂居室、小院回廊所形成的建筑群的宏大规模。这种宏大与庄严，绝不在一堂一室。中国建筑之美是群体性的、综合性的，而非单一建筑在形态上的美。正房厢房、小院回廊、亭台楼榭，大小不一，高低不同，变化万千却又一脉相承，正如前文所说，实在是浑然一体，蔚为壮观。

三、外观

由于材质与结构的不同，中国建筑在外观上各具特色。我们将在后文对此进行讨论，在这里，我们暂且先撇开材质和结构不谈，只探讨中国建筑所具有的普遍的外观特点。这里的外观，特指建筑的顶部。

众所周知，中国建筑的顶部大体上可以分为庑殿顶、歇山顶、悬山顶和攒山顶四大类，它们具有统一的标准，那就是：斜面呈凹曲线，屋檐并不一定处在同一水平线上，两端向上翘起。顶部轮廓为曲线，小一点的建筑可能是平直的，但大一点的建筑就定然是两端反翘的。普通住宅的顶部有的是平直的，但级别较高的宅邸、祠庙、宫殿等，全都是呈曲线状的。这不能不说是世界建筑界的一道奇特风景。

这种奇特的现象从何而来？这个问题一直困扰着研究者，人们尚未找到确切的答案。曾经有人提出，这种现象是由帐篷演进而来的，如今也有人如此认为，不过我并不认同。"帐篷起源说"的依据是：在远古时期，汉族是生活在中亚及塞北沙漠地区的游牧民族，他们从帐篷的形状中找到了灵感，设计出了曲线形的屋顶。不妨想象一下，在仔细观察一项普通帐篷时，我们不难发现，如果使劲拽住支撑帐篷顶部的一个角，那么帐篷的布面就会呈现出一些凹曲线；如果把起支撑作用的两端斜向外拉，那么帐篷上一定会出现一些锐角，将这些锐角反转向上，便有了中国建筑中檐角反翘的模样。

就此来看，帐篷起源说不无道理，然而，实际情况却并非如此，有些情况实难用这个学说来解释。中国建筑的顶部凹曲线和檐角反翘这两个特点，最早出现在六朝之后的建筑中，在汉代建筑中尚未得见[1]。关于这一点，我们将于后文详述。总而言之，随着时间的推移，中国建筑檐角反翘的弧度越来越大来。由此可见，假设檐角反翘是从以前的帐篷演化而来，那么我们理应能够在周代、汉代的建筑中看出端倪。不仅如此，越往南走，檐角反翘的弧度越大，越往北走，弧度越小，尤其是在北方的村落中，檐角反翘的建筑并不常见。所以，假设檐角反翘是从北方村落中走出的传统，那么对此种结构的应用，理应是北方强于南方才对。由此可见，檐角反翘这种设计很有可能兴起于南方，后传入了北方。尽管帐篷起源说听上去很精彩，但还不足以令人信服。

英国的詹姆士・弗格森等研究者还提出了另一种学说，那便是结构起源说。在他们看来，檐角反翘是结构本身所致的一种必然现象。例如，想象一座宅院，正房在中间，厢房在外部两侧，厢房连接着回廊；正房顶部坡度最陡，即"八"字形，厢房顶部坡度较缓，回廊顶部坡度则更缓，这样一来，在这座宅院的顶部轮廓中就出现了三段折线，它们从屋脊至屋檐，次第下凹。后来，在经过一步步地美化之后，这三段折线最终演化为一条曲线。结构起源说固然也是有见地的，不过，折线结构并非只出现在中国建筑中，在其他国家和地区的建筑中时常可见，那么，为何别处的折线仍旧是折线，

---

[1]　目前主流观点认为，汉代以前，正脊平直，汉代起出现了两端翘起的曲线。

唯有中国建筑变成了曲线呢？由此可见，结构起源说也是站不住脚的，檐角反翘一定另有出处。

还有人做了更为奇特的推测。据说，在中国，有一种植物名为"喜马拉雅针叶杉"，其枝条呈"人"字形向下垂落，因此，有人认为中国建筑的顶部凹曲线是受到了这种"人"字形结构的启发。且不论这种兴盛得改变了中国建筑形式的植物到底存不存在，即便存在，这种推测也是无理取闹。

在我看来，人们不应该如此片面地对中国建筑顶部造型的来龙去脉进行解释。之所以会出现这样的造型，定然与汉族的审美有关。换句话说，他们单纯地认为，相较于直线，呈曲线的屋顶更加好看，于是选用了曲线。这样的解释既是合理的，又是简明的。我们在上一节中提到过，中国建筑基本上皆为直角组合，要是再扣上平直的顶部，那么建筑的堆砌感就会扑面而来，不仅会显得很笨重，还会失去变通的可能性。于是，人们想办法让屋角向上翘了起来，让顶部的斜坡凹了下去，如此一来，建筑在整体上就显得轻灵起来，线条的变化也更多了。当屋檐不再深深垂落，当视觉误差被抹去，一种温暖柔和、趣味横生的建筑形态横空出世了。在图1-6中，甲乙两座建筑高度相同，面积也相同。甲的屋檐是平直的，笨重感由此而来；乙的屋檐是弯曲的，轻灵感油然而生。

对于中国建筑而言，屋顶是至关重要的部分，所以其设计通常都很讲究。首先，为了不让面积较大、容积较大的屋顶看起来太过呆板无趣，人们会想尽办法去装饰屋顶的轮廓、边线、各平面的连接线。对于建筑的正脊、垂脊、戗脊，两山博缝与檐端，人们会采

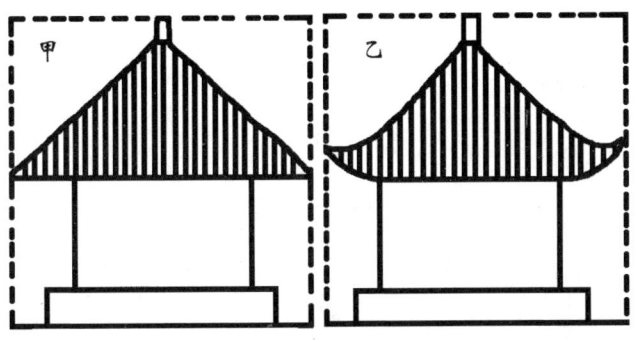

图 1-6　中国古建筑屋顶的基本样式

用不一样的材料和工艺。例如，在正脊两端放上吻兽（称大吻、正吻、吞脊兽等），用来稳固屋顶。正脊装饰，正中通常镶嵌有宝珠，抑或其他装饰品。垂脊、戗脊之端部立有兽头，戗脊上通常会有几个造型奇特的小蹲兽。在南方建筑中，檐角反翘的弧度一般都很高，以致顶端部分又会向内卷，此时，小兽便会呈倒悬状，就像在耍杂耍一样，相当奇妙。屋檐端角的瓦当上一般都刻有各种纹饰，且设计得极为精致巧妙，着实令人惊叹。

　　其次，屋顶的颜色也是经过精心考量的，这一点我们将在下一节进行详细阐述。高规格建筑的屋顶都是用彩瓦铺就，而且人们还会用彩瓦拼合出精美的图案。中国人对屋顶精益求精的程度，恐怕堪称世界之最。就中国建筑而言，在外观上，屋顶占据了整体很大一部分，它是中国建筑特色的代表之一，也是招牌之一。在日本，包括佛寺在内的许多古代建筑也拥有大型的屋顶，不过工艺简单得多。譬如日光庙，尽管其梁、柱上的装饰相当华丽，但其屋顶却依旧是平淡的平直设计。在心态方面，中国国民和日本国民是很不同的，我们从屋顶的设计上可窥得一斑。

四、装修

所谓装修，也就是对建筑的柱、窗、顶棚、地面、门等细部进行装饰。对于这项任务，装修是最合适不过的用词了。

装修的使命是不容忽视的，它可以对建筑的外观与内设进行协调。在一定程度上，装修决定了建筑的成与败，在中国建筑中的地位可谓首屈一指。中国建筑的轮廓并不复杂，所以也极易流俗，想要补救，就只能依靠变幻无穷的装修了。

中国建筑的装修总是变化多端，这种情况在其他国家的建筑中鲜能见到。不妨来看两三个例子。首先是窗户，可谓种类繁多，数不胜数。日本的窗户通常是直角方形的，极少数是圆的，或者花状；欧洲的窗户大多也是直角方形的，有一些为圆拱形和尖拱形。然而，在中国，窗户的形式之多，简直超乎想象，除了方形的，还有圆形、椭圆形、木瓜形、塔形、扇形、心形、双菱形、画卷形、多角形、壶形、窄棂形、瓢形、桃形、石榴形等等，不一而足。

窗棂的变化也是无穷无尽的。在日本，窗棂通常为直角，纵横相交，间或会有些斜线，棂格的形式只有十几种罢了。在中国，除了日本常见的窗棂形式之外，还有其他许多花样，譬如卍形系、多角形系、棂格形系、冰纹系、文字系、雕刻系等等，都是相当风行的形式。早先，我对中国的窗棂形式进行过调研，不过一两个月的时间就收集到了三百多种形式，而且还是在一个不大的城市里，要是走遍中国的话，收集到的形式恐怕得有数千种吧！

和窗棂的情况类似，斗拱的变化也丰富至极。在日本，斗拱的形式大概在几十种左右，可是在中国，斗拱的形式复杂多变，难以细数。在日本，斗拱是向前后、左右发展的；在中国，还多出了斜四十五度角上的前后、左右、上下等发展方向，极为繁复。

至于屋顶的山墙，在日本，大多数为尖山或圆山的"人"字坡顶，以及呈马鞍状的卷棚顶，少数为尖圆结合的不规则顶，总的来说形式很少。而在中国，山墙形式之多，估计有日本的几十倍。图1-7 所示的，不过是沧海一粟罢了。

再来看看悬鱼。在日本，悬鱼形式基本上已定，总共只有十余种而已，可是在中国，悬鱼形式尚未固定，通常是一座建筑一种悬鱼，究其种类，恐怕几千种都不止，而且还有许多令人啧啧称奇的情况。图 1-8 所示的是我于陕西、四川所看到的一些悬鱼，除了直白的鱼形外，竟还有蝴蝶、蝙蝠、花草之类的设计。天马行空，无拘无束，这样的建筑作品怎能不趣味无穷。

除此之外，屋顶、瓦当、屋檐、驼峰、房梁、立柱、栏板、栏杆、门扉、石坛等，皆千变万化，只言片语很难说清。值得一提的是，所有的装修，也就是装饰和设计都是为了让建筑看上去更协调，而非为了形式而形式。譬如屋顶上的动物造型装饰物，重要的不是选用哪些动物，也不是其形态是否足够自然，或者足够怪异，而是它是否能与建筑融为一体。而且，对于这种置于屋顶之上的动物形态的装饰物，只需做到仰望时美观即可，单独拿下来之后，就算不太美观，也无足轻重。

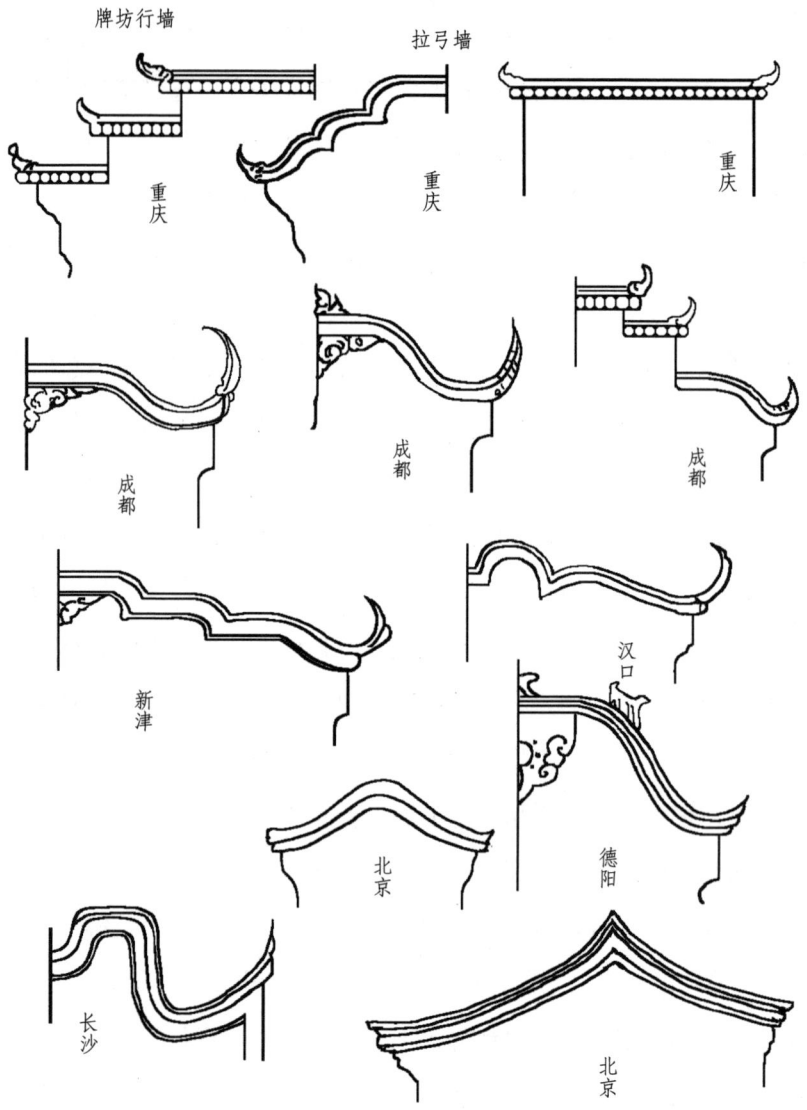

牌坊行墙

拉弓墙

重庆

重庆

重庆

成都

成都

成都

新津

汉口

北京

德阳

长沙

北京

图1-7 中国建筑的山墙形式十二种

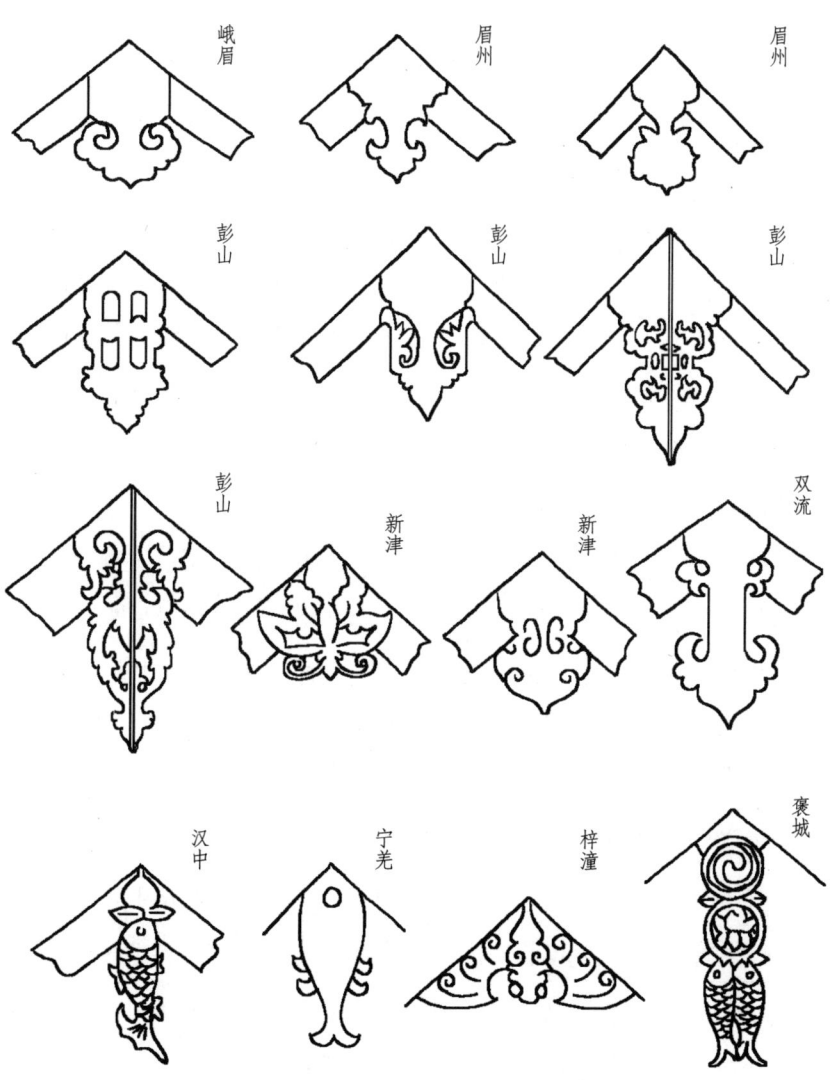

图 1-8 中国建筑的悬鱼形式十四种

装修做工的标准也是如此，远观之物稍稍粗糙，近赏之物力求精致。在做工方面，日本建筑就犯了错，总是把屋顶装饰物制作得如同近距离观赏的器物那样精致，但最终效果却适得其反，偏离了建筑基调。这样的情况在日本并不鲜见。

在中国，装修设计最根本的原则是吉利。这种原则源自道教思想，在历史的长河中漂流至今，并在表现方式上因人而异。如前文所述，装修是变化无穷、要点突出的，不过我们需要明白，它的原始种类其实不多，而且都是在沿用远古创造的形式，后世的独创基本上是看不到的。换句话说，后世之人不过是将古人所创造之物进行修改、变形。

中国人具有出众的改造能力和变通能力。譬如汉字的发音，最初，汉字是一字一意一种写法，发音总共不过四百种；后来，在原有的发音上加入了平上去入四个声调，这样一来，原来相同的发音就在语气、缓急、长短、抑扬等方面变得不同了，进而表达出了不同的语意。

欧美研究者认为中国建筑的工艺是不合理的，是小儿科，很低级，持有这类观点的人对中国建筑的工艺定然是只观皮毛，未闻其详的。在中国，大多数装修都会取吉祥之意，也有些会偏重奇特、怪诞、烦冗、天真等风格。中国的建筑装修总是出人意料，妙趣横生，不懂这个道理，就没有资格评论中国艺术。

五、纹饰

中国建筑的纹饰亦是个十分有趣的话题，其题材大多都是很吉利的。汉族向来十分看重因缘，想象力也是十分丰富，总是能幻想出一些出人意料的奇特怪诞的形象。这些事物不仅常见于雕刻和绘画作品之中，在建筑和工艺品的纹饰里也随处可见。读过《山海经》的人一定能明白中国人有多么喜欢那些奇特怪诞的形象。

按照纹饰学的一般法则，中国的纹饰大体上可以分为：动物纹、植物纹、自然物纹、几何纹、人事纹和独树一帜的文字纹。等等，其丰富程度，是其他国家无法比拟的。

中国的纹饰自古以来就十分考究。按照《周礼》的记载，在周初就已经有了按官位高低来定制官服纹饰的规定。

朱熹的弟子蔡沃[1]认为，在上古时期，一国之君在祭祀时所穿的衮服，其实是由"衣"和"裳"两部分组成的，"衣"上绣的图案为日、月、星辰、山、龙、华虫（雉），"裳"上绣的图案为宗彝（虎帷）、藻、火、粉米、黼（斧）、黻（亚）。这十二种图案被合称为十二章，日、月、星辰意在照，山意在镇，龙意在变，雉意在纹，虎帷意在孝，藻意在洁，火意在明，粉米意在养，黼意在断，黻的图案是两个"己"相背，所以意在辨。花样的选定，都一一赋予相应的喻义，中国式的兴味非常之深。此外，《论语》中提到"山节藻棁"，证明早在春秋时代，建筑纹饰就已经十分精美了。周代

---

[1]　原著为蔡沃，疑是蔡沈。

铜器上的纹饰也是极好的证据，那些令人叹为观止的图案足以彰显周人的才华。

接下来，我们将依次对不同种类的纹饰进行简单介绍。动物纹主要包括龙、凤、麒麟、狮、虎等图腾祥瑞，以及鸟兽鱼虫各类。兽有蝙蝠、马等；水禽主要是鱼，多用双鱼；虫有螭、虬、虺等爬虫和蝉、蝶等昆虫。此外，还有饕餮、夔之类想象出来的动物。在中国，最受尊崇的形象当然是龙，它是天子的象征，综合了鸟兽鱼虫等各类动物的特质。相传，伏羲"有龙瑞，以龙纪官"，黄帝受到垂须之龙的迎接，大禹见到"黄龙负舟"，孔子遇见两条苍龙自天而降。另外，孔子还曾将老子比喻为龙。古往今来，与龙有关的神话传说比比皆是。不过，直至汉代，龙的具体形象才逐渐跃然而出。我们可以在铜器上看到被称作龙子的螭、虬、虺等纹饰，以及蛆虫、蚯蚓之类的形象，却唯独看不到龙。我们将在后文中详细介绍汉代以后的龙的形象，至于周代之前的龙是什么样子，我们尚不知晓。

据说中国的凤，和埃及的火凤凰，在发音上颇有些类似，它们都是臆想之物。据史料记载，东汉和帝时期，安息的条支进贡了一只硕大的鸟，现在看来那可能是一只鸵鸟。在唐陵中，鸵鸟就被视为了凤。总而言之，凤是中国人臆造出来的神鸟，就其在铜器上的呈现来说，可谓形态万千。

麒麟，应是 giraffe（长颈鹿）的音译。麒字古音为"ramu"，和"giramu""giraffe"的发音极为相似。因此，麒麟应该是自非洲经由西域而传入中国的一种形象，不过中国人改变了它的形象，将其神化，并附上了各种传说。

龟是中国四大神兽之一，大多数时候都是以蛇蟒缠身的形象出现。在中国古代，人们会在龟甲和兽骨上刻字，还会用龟甲来占卜，这足以证明龟的确被古人神化了。后来，人们常常将石碑的底座建造为龟形，名为龟趺，作观赏之用。不过，现在的人对此颇有些忌讳，所以也不再用龟这个形象了。

狮，是从印度经由西域传入中国的，梵音为"simha"，狮为音译。这个形象又被称作狻猊，在发音上改用了"si"。为了将百兽之王的威仪表现得淋漓尽致，后世之人在写实的基础上将其幻化为各种各样的形态，并将其和麒麟、龙等形象联系起来，最终，就这样，狻猊和辟邪（貔貅）、角端（角瑞）、白泽一样，成了神兽之一。

饕餮的由来众说纷纭。普遍说法是，饕餮原为一个贪吃鬼，没有下巴，奇丑无比。这种形象常见于古代铜器纹饰中。

夔，神话传说中的妖怪之一，人面兽身，有两只犄角。这个形象颇有些不知所谓，却常常和凤、蔓草等一起出现，常见于古代铜器纹饰中。

动物纹实难计数，我在这里就不一一介绍了。

接着来了解一下植物纹。在远古时期，植物纹并不流行，主流的纹饰是几何纹与动物纹。原因是当时汉族还生活在较为荒芜的旷野上，草花树木都很少，所以汉族对植物的认知并不太丰富。据史料记载，蔓草纹被运用于建筑上的时间可追溯至周代，但人们还不曾在铜器上见到过它。在汉代的器物上，植物纹甚少出现，直至六朝，才出现了真正意义上的造型生动的植物纹。不用多说，植物纹是随着佛教传入而得以逐渐在中国发展起来的，其中最典型的莫过于宝相花纹饰。

时至今日，植物纹虽已随处可见，但几乎都是石榴、牡丹、藤蔓之类的普通纹饰，少了离奇和怪诞，也就不那么令人惊叹了。由此可见，汉族并没有将对待动物纹时所展现出来的杰出的创造力和观察力放在植物纹身上。

所谓自然物纹，顾名思义，就是日、月、星、山、水、云、冰、岩之类的纹饰，类型较少。其中，云纹与水纹最好看，和龙纹、凤纹关系最紧密，正因如此，它们也最受重视的。山纹与岩纹也很常见，因为它们寓意着永恒和坚固，十分吉利。

几何纹所包含的图案种类也相当多，在远古时期就已很流行了。我们在鉴赏铜器的时候，不管是在哪个平面上，均能看到雷纹、云纹、粟纹、弦纹、蝉纹（蝉本身是动物，不过纹饰已几何化）等纹饰。越往后发展，类型越多。除却流行于欧美的几何纹饰，我们可以在中国找到时下能见到的所有类型的几何纹。

人事纹是依据人物传记，在建筑上绘制或雕刻出的装饰性图案。这些图案通常都取材于历史故事，比如《二十四孝》《列仙传》等。不过，也有些图案并无深意，例如孩童玩耍的场景之类。人事纹的形式大部分是钱币、文具等，主要用在房间隔断上。有的是八宝，也就是佛教中的八种器具，即宝幢、双鱼、法螺、莲花、宝瓶、宝伞、长盘节和法轮，主要是绘制或雕刻在藏传佛教的宫殿栏板上。不管是哪种图案，都寓意着吉祥和祝福，并充满了信仰，这些在别国建筑中实为少见。

在中国建筑中，文字纹是最特别，也是最有意思的。中国人一直有尊重文字的传统，门柱上通常都会挂对联，牌匾上自然是刻着字的，墙上还会挂着装裱精细的字幅。这不仅装饰了建筑，还让文字纹饰化了，在被纹饰化后，文字纹也得到了更好的发展。如我们所见，寿、福、喜、囍、富、吉之类的文字因为寓意吉祥而被纹饰化之后，总是会和其他纹饰一起出现在各类器具和染织物上。在中国，历来就有"百寿百福"之说，也就是"寿""福"这两个字都各有上百种书写方式，当然，在现实生活中，它们的书写方式绝不止一百种。喜纹和囍纹的应用也不少。在窗棂和窗格上也经常能见到经过精妙设计的文字纹。

总的来说，纹饰的处理方式是很明确的，依照器物、形状、场合及位置的不同而各异。人们在这件事上煞费苦心，并会做出大胆的尝试。举例来说，为了能从远处来欣赏，人们会在檐柱之间的小额枋、大额枋和额垫板的整体平面上绘制大幅的画作，这是因为，要是在这三种材质不同的平面上分别绘制纹饰，就会让人觉得太小气。这种设计看起来颇有些奇怪，不过很遗憾，我们在这里暂时无法对此做详细解释。

六、色彩

不得不说，中国建筑是用色彩来修建的。离开了色彩，中国建筑就是一堆死气沉沉的断壁残垣。对于中国建筑来说，无论里外都会被着上色彩，丝毫看不出原色的存在。

为什么中国人对着色如此在意？传统喜好是原因之一，另一个原因是中国建筑多用木材，其原色看起来不够精致。材质及做工粗糙的，尤其需要用色彩来美化。

不仅如此，对于木质建筑而言，着色涂漆还能起到一定的保护作用。

我在中国亲历过一些施工过程，发现在建造木质建筑时，一些工匠选用的木材是很低劣的，建造的方法也很粗陋，这些不堪的事实，着实令我难以忍受。不过，在上完粉彩后，情况便完全不同了，在色彩的作用下，整座建筑都变得美好了。由此可见，在中国，为建筑着色也算是无奈之举。在日本，建筑所用的木材大多都很优良，再辅以精工巧作，自然就没必要以色彩去掩饰劣质木材的粗糙了。倘若能像日本建筑那般，选用各种优良质地的木材来建造，那么既可以让木质建筑保存得更久，也不用专注于着色这等事情。

接下来，我们来看看中国人是怎样处理建筑色彩的。要弄明白这个问题，我们必须先了解他们的色彩心理。

在中国，阴阳五行学说由来已久。在汉族人看来，世间万物都源自金、木、水、火、土这五种元素，同时，这些元素又是相辅相成的。木生火、火生土、土生金、金生水、水生木，循环往复。世间万物无一不与五行相对应，尤其是季节、方位和色彩，与五行密切相关。如以下图表所示：

色	青	赤	黄	白	黑
方位	东	南	中	西	北
季节	春	夏	长夏	秋	冬
五行	木	火	土	金	水

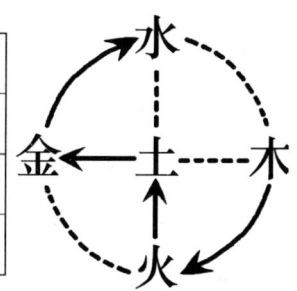

在各种色彩中，和五行相对应的是青、赤、黄、白、黑。放到现在，这种说法显然不够科学，毕竟作为一种色调，青包括了蓝、青、绿；赤包括了绯、红、朱、丹；黄包括了土黄、雌黄、橙黄。

在中国，青是草木新生之色，象征着温暖的春日，指代东方；赤是火光燃燃之色，象征着烈日炎炎的夏季，指代南方；黄是泥土千尘之色，指代的方位是中央；白是金光银泽之色，象征着清冷淡漠的秋日，指代西方；黑是临渊深水之色，象征着寒气逼人的冬季，指代北方。除此之外，这五种色彩还另具深意：

青：永世和平

红：喜庆、圆满

黄：力量、财富、皇帝

白：悲伤、和平

黑：破坏

中国人用这种理想化的方式选择着建筑用色。在希求幸福圆满时用红色；在企望永世和平时用青色；黄色专属于一国之君，黎民百姓是不能随意使用的，要用也只能用极少量；白色基本上是不用的；黑色通常只用来勾勒墨线。所以，红色成了中国建筑的主色调，如果需要辅以其他彩色，人们也只会选择青、绿、蓝，除此之外的色彩是极少被使用的。

五种正色之外的间色，汉族通常很少使用，但偶尔会使用紫、桦、鼠、茶等色。大多数时候，他们都偏爱浓烈的原色，特别是红色，而对素雅的颜色以及间色并不太感兴趣。他们天生偏好刺激，这一点不只是体现在建筑上，在饮食习惯上的表现是喜欢浓郁、醇厚、辛辣的食物。服饰上的表现是喜欢华丽、张扬的服饰。平日里，各种事物都有可能被他们着上红色，比如桌布、椅套、名片等等，就连信封和信纸都会被点缀上红色。他们最忌讳的自然是白色，白色的衣服是丧服，白色的名片只能用于丧事。当然，除了特殊场合，原木色的建筑也是不能存在的。

在中国，皇宫及皇帝所用的殿，其顶部用的都是黄色的琉璃瓦，殿内的大部分地方都被刷成了金黄色，或是被贴上了金箔。帝王的衣裳是黄底龙纹，因为黄色是帝王之色，有中央之意。太子殿的顶部用的是青色的琉璃瓦，因其位于东方，又被称为东宫，因为要取暖春之意，所以用的是青色。在日本，从奈良时代直至平安时代 [1]，大内里殿宇的顶部用的都是青色的琉璃瓦当，之所以没有选择象征帝王之位的黄色，据说是为了对大唐表示敬意，也就是说，不敢对唐用皇帝之色。选择东宫之青，其实是自谦之举。这样的解释是颇为合理的。

---

[1] 奈良时代，公元七一〇年至七九四年，定都平城京，也就是现在的奈良，平安时代，公元七九四年至一一九二年。

　　中国人对配色很是在行。通常，他们会考虑远观时的视觉效果。以服装的色彩为例，出于远观的考虑，他们的礼服通常都是单色的，然后用同一色系内的高纯度色在衣服上绣出大块图案，也就是说，这些衣服的颜色大部分都很浓烈。不难想象，当我们远观一群身着红、黄、蓝、绿礼服的中国人时，画面定会十分美观。与之相反的是，当我们从远处看一群身着礼服的日本人时，眼前恐怕只会是一团团黑影，完全谈不上美观；我们只能走到近处，拿起衣服，甚至用上显微镜，才能观察出日式礼服上那些细致入微的纹饰，才能看清楚那种高级的考究的用色。

　　在中国，色彩之于建筑犹如色彩之于服装，最基本的考量是远观时的视觉效果。要是走近细看局部，就会觉得用色既随意又笨拙。当然，在居室中，一些素日里常被置于眼前的物品，其色彩倒是很考究的，尤其是供人近赏把玩的摆设、工艺品等，用色更妙。由此可见，在用色方面，中国人的观察力和工艺都相当了得。

　　值得一提的是，屋顶用色是中国建筑的特殊工艺之一。如前文所述，宫殿也好，庙宇也罢，抑或是祠堂，都必须按照规制来选择屋顶用色，有的采用黄色琉璃瓦，有的采用绿色琉璃瓦，以及其他色彩的瓦当。就北京一地来看，天坛祈年殿的顶部是极为浓烈的绀青色，十分夺目；西郊万寿山上的离宫御苑"众香界"的顶部为黄底，附以紫、蓝纹饰；中南海瀛台更是华丽至极，所有殿宇的色彩各不相同，屋顶琉璃瓦的色彩也各不相同，屋脊、屋檐都装饰得十分精致，远观如天上宫阙，恍然如梦。再来看看日本日光的神社与寺庙[1]，尽管梁、柱都用了重彩，但屋顶却是用一块黑色铜板修盖的，相较于中国建筑，在美感上可谓天差地别。

七、材料与构造

目前看来，中国建筑所用的材料通常是木材，或者砖瓦混用，当然也不乏其他一些种类的材料。材料不同，营造方式就会不同，建筑形式也会不同。

我按照自己所知道的知识，以材料为标准，将中国建筑划分为如下几类：

1. 泥土：北部，尤其是长城以北地区民居。
2. 木材：长江流域、云南边境地区住宅。
3. 木材和砖瓦：各地各类普通建筑。
4. 砖瓦：各地城墙、无梁殿等。
5. 砖石：各地牌坊、牌楼等。
6. 石料：墓碑。
7. 铜：特殊用途建筑，如佛塔等。
8. 铁：特殊的佛塔。

细说起来还有许多别的种类，例如石材、砖瓦、木材的混用，砖石、泥土的混用，等等。我上面所列出的是主要材料。还有一些建筑，主体采用的是砖石，表面又贴有陶瓦或石材，被我暂时归入

---

[1] 日本栃木县日元帝的神社及寺院的总称，后被列为世界遗产。

了砖瓦类。

　　木材类建筑通常是楣式结构，屋檐较深且轻，整体上显得很轻灵。砖瓦类建筑通常是拱券式结构，屋檐较浅且重，整体上显得很厚重。木材、砖瓦混用类建筑，有些是楣式结构，有些是拱券式结构；立柱主体采用的是木材，表面包裹着砖，有些建筑的立柱会被全部包裹，有些只是室外立柱被包裹，而室内立柱则任由木材外露；屋檐以上的重量全都落在了立柱上，砖壁只能起到强化支撑的作用。这类建筑既展示出了木材梁架结构中的列柱，又用砖瓦表现出了拱窗造型，看上去很是奇特，而且并不会让人觉得不协调、不自然，实在是巧夺天工。

　　用砖瓦砌墙，再搭建出中国式屋顶，这样的形式难免会令人困惑。立柱上方的斗拱皆为砖结构，其形状迥然有别于木结构的斗拱。相较于木结构的斗拱，砖结构的斗拱既无法让屋檐向远处延伸，也无法让屋檐轻盈地上翘。于是，一种新工艺诞生了，它带来了一种新的平衡感。当木结构逐渐发展为砖结构，木结构的平衡感也逐渐发展为了砖结构的平衡感。这让我不禁想到希腊古建筑的结构及其平衡感，亦是从早前的木结构及其平衡感中演变而来的，最终实现了大成。中国古建筑和希腊古建筑的发展路径是一样的。倘若既想沿用木结构建筑的造型，又想采用石材、砖瓦等不易燃的建材，那么就去看看中国建筑的实例吧，必将受益匪浅（如图 1-9 所示）。

　　已被证实的一点是，砖的使用可追溯至周代之前，同期还产生了拱券。据说，秦始皇当年在渭水上修建了一座桥梁，全长三百六十步，拱券六十八个。此事是真是假，我们不得而知，不过

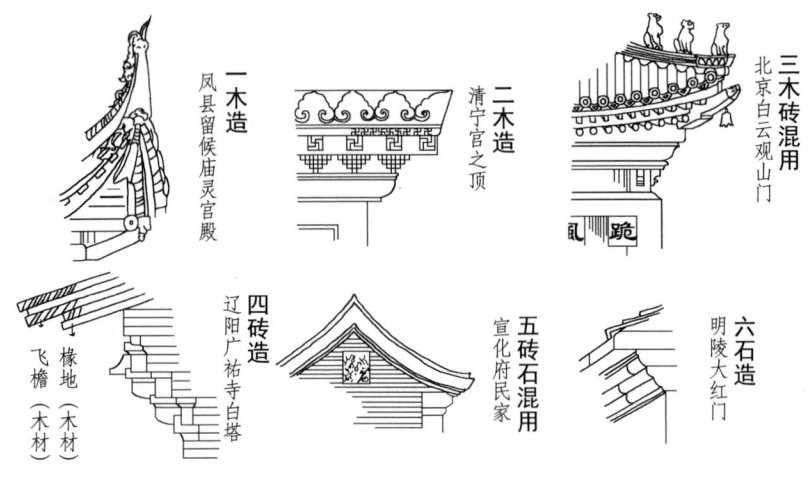

图1-9 材料构造与样式的关系

它足以说明，拱券在那时候就已存在了。既然存在拱券，那么必然存在穹隆。华夏民族恐怕是这个世界上最早建造出拱券与穹隆的吧。看那无梁殿中的穹隆，实在是至巧至妙。我有幸在好几个地方瞻仰过无梁殿遗迹，其中最值得一去的莫过于南京灵谷寺的无梁殿藏经阁。它是纯粹的砖结构建筑，里外不见丝毫木材，就连那精美的天井穹隆也是由砖砌成的。此外，各大城市修建于十字路口的鼓楼、钟楼，多为十字穹隆，构造无比先进。其中，有一些建筑还拥有构造繁复的扇形拱券，就像西方哥特式建筑那般。略显怪异的是，中国建筑中的拱券与穹隆，其轮廓大多都不是正半圆形，而是上端稍窄稍尖的椭圆形，看起来和波斯萨珊王朝的拱券颇为相似。这个现象着实有趣。

用科学的眼光来看，中国建筑在构造上还存在着许多不够成熟的地方，尤其是那些屋檐反翘弧度过高的建筑，尽管匠人们为之熬心费力，可还是因为考虑不周、营造不细、修缮不力，而致使檐角易损易垂落。无论是翼角檐椽还是翘飞檐椽，大多数都被工人们稀里糊涂地嵌入椽槽和大连檐上，所以很容易就脱落了。在营建宅院时，中国工匠从来不会绘制精准的建筑图纸，只会简单地画上一张草图；既不会采用缩尺图，也不会详细绘图以核对尺寸；一切全凭施工现场的自由发挥，看上去很不负责任。在这样的情况下，本不应有巧夺天工的建筑诞生才对，然后待到完工之后再看，粗陋之处竟然全都不见其踪了。尽管原材料的费用及施工的费用并不一定会很高，但最终的效果通常都遂人心愿。倘若中国的工匠们能多掌握一些科学常识，能对建筑构造多做出一些改良，那么中国建筑的价值必将更上一层楼。

第二章　前期

第一节　有史以前

从这一章开始，我们将对中国建筑史进行分专题的论述，这一章要探究的是有史以前，即公元前一一二二年之前的中国建筑。

中国的正史起源于何时？这一问题尚不得解。在上一章中，我们已经了解到，白鸟博士曾指出，周代之前的历史不应被列入正史，不过后来人们发掘出了周代以前的遗址，周代之前的文明得以被证实，因此，毋庸置疑，周代之前绝不能被称作蒙昧时代。在本书中，我们暂且将周代之前称为"有史以前"。

要谈论中国古代史，就得从远古时期、三皇时期和五帝时期讲起，就年代而言，至少可追溯至几十万年前。这些时期只存在于后世之人的想象当中，不能算正史。尽管如此，与古建筑和古代工艺有关的史料，还是能从艺术上为我们提供有力的依据。不妨来看两三个实例。

有巢氏构木为巢，是最早出现在史料中的与建筑有关的故事。构木为巢，出现在燧人氏钻木取火之前，确切是之前多少万年，无人知晓；我们只知道，他用木材搭建出了最早的房屋，这无疑是穴居时代的一大进步。当然，这个发明肯定产生于林木丰茂之地，而在林木稀少之地，人们依然生活在洞穴或土屋里。

到了尧的时代，"茅茨不翦""土阶三等"。此时，有巢氏时代已过去好几千年，无论是制度还是文化都开始走向完善，建筑方面也有了跨越式的发展。"土阶三等"两句指的是，尧在建造宫殿时，原本可以采用石料修筑九级高台，但出于节俭，他只修筑了三级，而且用的是土；本来可以采用瓦当修筑屋顶，但尧只是用茅草简单地铺了铺，而且还是未经修剪的茅草。

瓦启用于何时，尚不可考。不过，在《诗经·小雅》里已有瓦字出现。《周书》有神农作瓦陶器的记载；《古史考》也有记载，"夏桀时昆吾氏作瓦"。由此可见，瓦在夏代时就已存在。不过，中国的瓦，并非专指铺在屋顶上的瓦当，而是素陶类材料的总称，瓦字的字形代表的正是黏土的卷曲状态。如砖、甃、瓶、瓮、甑之类，从字形上便一目了然，它们都属于瓦器。总的来说，依我个人来看，从殷代开始，砌墙已用瓦，地面已用甃，屋顶用甃，而瓶、瓮、饔等也都被用于了日常生活，黏土制品得到了长足的发展。

殷代建筑在工艺上已有了卓越的进步，最好的证明来自河南彰德府（今安阳市）城外的殷墟遗址。尽管出土的文物与建筑本身并无直接联系，不过我们依旧能从数量庞大的工艺品身上，领略到殷代艺术的风采，并以此推断出殷代的建筑水平。由《周礼》中的记述可知，早在殷代，宫殿外就已筑起了围墙；不管是围墙还是宫殿居室，其墙面都被抹上了一层白灰，这种白灰是由贝壳磨制成的，而被抹上白灰的墙则被称为白盛。无论是用砖瓦砌成的上等墙，还是用泥土砌成的中下等墙，最后都会被抹上白灰。

《周礼》在描述殷代宫殿时用了"重屋四阿"这样的说法。重屋说的是重檐建筑，四阿指的是西面斜坡的庑殿顶，重檐庑殿顶是中国建筑中的经典形式，只用于皇家宫殿的营造。由此可见，重檐庑殿顶在殷代就已备受认可了。对于商王帝辛的残暴，箕子感慨万千："象箸玉杯，必不羹菽藿，则必旄象豹胎；旄象豹胎，必不衣短褐而食于茅茨之下，则必锦衣九重，广室高台。"不难看出，在那个时候，玉器的工艺也已相当了得。茅屋已被嫌弃简陋。宫室九重之深，可见建筑高台、营造广厦的技术已经成熟了。还有记载称，商王帝辛还惯用酷刑，将犯人绑在铜柱上烹煮，不可否认的是，铜制品在当时已成了"实用"工具。

《周礼》还对殷代的陵寝制度进行了描述。在殷代，坟已成圆形，在坟中做圹[1]，内外由墓道相通，圹中放置入椁，椁中放置棺，棺中置遗体和陪葬品。在各种各样的陪葬品中，有一种稻草人偶，被称为刍灵。到了周代，一种手脚可动的人俑渐渐代替了刍灵。

河南卫辉府[2]以北约五公里处的比干之墓，是殷代陵墓的典型实例之一。暂且不论它是真是假，不过其坟的确是圆形的。说它是中国最古老的坟，大概也不足为过。中国最古老的丧葬方法，尽在一个"葬"字之中："草"在上下，"死"在当中，那不就是将遗体置于荒野之上，然后覆之以草的意思吗？到了后来，人们将遗体

---

[1] 即墓穴。

[2] 今河南省卫辉市卫辉古城内。

置于地下，然后在地上覆之以土，那小小的土堆便是坟的原始形状。坟的原始形状是圆锥体，或者半球体，因此我们在那些古老的陵墓中所看到的坟都是圆形的。时至今日，散落在中国大江南北的旷野间、山坡上的平民之坟，绝大多数都沿用了原始的形状。

有史以前，中国建筑的风格不甚清晰，大部分时候都是考古学家们在对它进行研究，所以在这里，我们就不再做深入探讨了。综上所述，远古时代距今已有几万年之久，于黄河流域下游地区发展壮大起来的各个民族，结合当地土地与资源的实际情况，要么过着穴居生活，要么住在土屋里，要么搭建起了木屋。

如今，在长城的周边地区及长城外的一些村落中，我们依然能看见土屋；在河南、陕西等地，依然能看见窑洞；在湖南，依然能看见日本"天地根元造"式的建筑；在云南边境，依然能看见与远古建筑极为相似的吊脚楼……这些建筑或多或少地让我们领略到了远古建筑的面貌。这些原始的房屋无不凝结着原住民们的智慧，保留着汉族迁入之前的建筑形式，当然，有些建筑形式应该是汉族在迁入之后，因地制宜而改造出来的。

最初，人们只会制造石器，后来慢慢学会了制作玉器和铜器，再后来学会了用泥土烧瓦造砖，而后又筑起了牢固的墙，用瓦铺设屋顶……一步步地，建筑形式日渐完善。从鸿蒙初辟，到欣欣然崛起，跨越三皇五帝夏商周，不能不说历时弥久，终究为富丽堂皇、美不胜收的中国建筑打下了坚实的基础。

第二节　周

一、概述

中国正史开始于周代[1]，也就是公元前一一六二年[2]至前二五六年。周代先祖从西北边境地区崛起，逐步发展壮大，到了周文王时期，据说已占据了三分之二的地盘，后来周武王灭了殷商，完成了统一大业。王位沿袭了三十七代，直到被秦取代，历时八百六十七年。

历时八百六十七年的统治，在世界历史上是极为罕见的。这就好比，自昭和六年追溯至冷泉天皇时期的康平七年[3]，即宇治市凤凰堂完工十一年之后。如果说今人在面对凤凰堂时，总会情不自禁地对这座难得一见的古建筑激赏万千，那么毫无疑问，在看到周代

---

[1]　在原著刚出版的时候，殷墟尚未得到公认。

[2]　原著为公元前一一六二年，不过以上节内容所述，似应为公元前一一二二年。此断代和我国的划分不尽相同，在这次暂且引用原著。

[3]　昭和六年即一九三一年；康平七年即一〇六四年。

留下的稀世之物时，内心的震撼将更加强烈。从初期到末期，那将近九百年的文化发展定然无法与今日的九百年相提并论，我们必须承认二者之间的天差地别。想要精准地把握周代历史，似乎是不太可能完成的任务，我们只能概括性地做些论述。当然，时至今日，人们的研究还是有些进展的，毕竟我们已经看到，周代至少可被划分为性质不同的三个历史阶段。

第一阶段：初期，周武王元年至周平王四十八年，周代之初，历时四百年。

第二阶段：中期，周平王四十九年至周敬王三十九年，春秋时期，历时二百四十二年。

第三阶段：后期，周敬王四十年至周赧王五十八年，战国时期，历时二百二十五年。

第一阶段，汉族艺术发展之始，艺术开始被人们赋予了价值；第二阶段，艺术走向精练，注重工艺；第三阶段，艺术日趋成熟，发展迅猛。尽管我看过的文物和史料不算丰富，不过在我看来，这样的划分也是理所当然的。

周代文化十分昌盛，这是众人皆知的事情。孔子曾称赞说："周鉴于二代，郁郁乎文哉！"事实上，从周文王、周武王及周公时期开始，周代就十分重视文化艺术，全力地推动着各种学术和技艺的发展，正因如此，春秋时期才会出现举世闻名的九流百家。不管是哲学与文学，还是法制与经济，抑或是兵学与医术，各个领域都涌现出了一批杰出人物。百家争鸣的壮观与伟大，后朝后代不能望其项背。

　　既然我们说周代文化兴盛之至，那么建筑的发展自然也不在话下。最好的证明出自《周礼》，它让我们知道了周人如何井然有序地建造宫殿。此外，还有很多文献也对周代建筑做出了描述。周代建筑遗址尚未被发现，我们只能看到少数和建筑直接或间接相关的文物，例如陵墓、石器、玉器、铜器等。虽然大多数文物还无法得到考证，不过人们普遍认为它们来自周代。这些文物为我们提供了有关周代建筑的蛛丝马迹。

　　由现在的中国建筑很容易推断出周代建筑的大体性质，准确地说是推断出周代建筑在平面、外观上的特征。中国建筑自出现以来，至周代大致定型，其间经历了数万年时间；而从周代发展至今日，算来却只有三千多年。中国历史源远流长，三千年不过是转瞬之间，因而在此期间，中国建筑的性质并无巨变。除了建筑，风土人情、学术工艺等，也与三千年前大同小异；服饰和饮食也是如此。由此看来，古今建筑其实是一脉相承，在一定程度上，我们的确可以拿当下的建筑和三千年前的建筑作对比。

　　从商到周，建筑形式得到了传承，所以我们在上一章中所提到过的中国建筑的特质或许已初有眉目：砖瓦与木材混用，屋顶上用瓦遮蔽，在地上铺就条形石砖，给外部上色，在各处雕刻纹饰。在远古时期，木材资源十分丰富，因此那时候的建筑大多都是用木材搭建的，当然具体情况也会因地而异。《资治通鉴》中，子思告诉卫公："夫圣人之官人，犹匠之用木也，取其所长，弃其所短。故杞梓连抱而有数尺之朽，良工不弃。"之所以拿匠人和木材的关系来作比，是因为人们通常都对建筑之事略知一二，这样的事例通俗易懂。此外，砖瓦的运用也得到了普及；无论里外，都会做雕刻来做装饰，纹饰多姿多彩。接下来，我们将结合文物和史料来一一进行说明。

二、坛庙

我们已经知道，萌生于远古时代的中国宗教其实就是自然物崇拜和先祖崇拜。为了祭拜先祖，人们会修建庙堂；为了祭拜自然，也就是天、地、日、月、山、川等，人们会搭建祭坛。无论是庙堂还是祭坛，在中国历来备受重视。

坛，用石料，其上植树，是祭祀仪式的专属场地。在《论语》中，我们可以看到与树木品种有关的记述："哀公问社于宰我。宰我对曰：'夏后氏以松，殷人以柏，周人以栗。'"栗有"使人战栗"之意。宰我回答得不够得当，因此被孔子斥责。不管是什么品种，祭坛上必须要有树，这就好比，远古时期的日本人，在祭祀大典时必须要"筑矶城，植神篱"。日本的祭祀形式究竟是完全沿袭自中国，还是在原有形式中加入了中国元素，截至目前还很难说清楚，但无论如何，这种祭祀形式都是至关重要的。北京的天坛、地坛、日坛、月坛在建筑形式上已与远古祭坛相去甚远，更加恢宏大气，不过，究其根本，建筑的性质并未改变。

祭祀形式视对象的不同而不同。据史料[1]记载，"至舜，类于

---

[1] 应是《尚书·舜典》。

上帝，禋于六宗，望于山川，遍于群神"。这似乎和日本现行的祭祀形式基本相同。在大祭的时候，帝王要先往地上洒点酒，以恭请天神降临，紧接着奏乐，奉上神馔，然后向天神行礼。祭拜结束后，停止奏乐，撤下神馔，行礼送神。要说不同之处，唯有一点，那就是中国有献祭牲畜的传统，而日本没有。中国人自来畜牧，也经常食用兽类的肉，但日本人的主食大多为蔬菜，尤其是在佛教传入后，甚少食用兽类的肉，自然就不会向天神献祭牲畜。《论语·八佾篇》中，"禘自既灌而往者，吾不欲观之矣"，这是和请神有关的典故。禘，就是古代帝王、诸侯举行各种大祭的总名。这句话的意思大致为，在大祭的时候，洒酒请神，然而祭宫与列席者都显得没什么诚意，让仪式失去了庄严肃穆之感，实在是让人看不下去。同篇中的"三家者以雍彻"一句，则和撤神馔有关。雍，即帝王祭祀时所用的音乐。这句话大致讲的是，鲁国的三位大夫在撤神馔时用了"雍"，大失体统。《论语·雍也篇》中的"犁牛之子骍且角，虽欲勿用，山川其舍诸"，和献祭有关，说的是那些红色的、牛角端正的耕牛之子，适合用来作为祭拜山川的祭品。

在中国，庙祀的传统古已有之。据史料记载，在尧施政期间，人们已经开始在五帝之庙举行祭祀仪式。五帝之庙，在尧舜时代被称为五府，在夏代被称为世室，在殷代被称为重屋，在周代被称为明堂。和明堂有关的知识详见下一节。通常情况下，太庙为祭拜帝王先祖的地方，其建筑形式和普通宫殿没什么不同。先祖的牌位被安放于主宇，也就是正殿正中；从宇，也就是配殿，作为正殿的陪衬位于左右两侧。例如，北京故宫内的太庙位于天安门内侧东面，和社稷坛相对；沈阳故宫也存有太庙，不过略显平凡，既不十分精致，也无特别之处，就连先祖的牌位也都普普通通。不难看出，后世之人只是在沿袭祭拜先祖的一种仪式而已，他们对先祖并没有虔诚之心，所以才没有认真对待祭祀建筑。太庙这一称谓，从中国传入了日本，后来，日本将伊势神宫的内外两宫命名为太庙，用于祭拜皇室先祖。

在庙里，有时候人们会造像代替牌位。虽然我们在各地太庙中尚未看到这样的情况，但我们通过文献资料发现，越王勾践曾为了表彰范蠡的丰功伟绩而为其铸造金像，楚国的宋玉曾因为怀念屈原为其铸造了屈原像。宋玉在《楚辞·招魂篇》中写道，"像设君室，静闲安些"。朱熹做的批注是，"今人已死，设形貌于室以事之，乃楚俗也"。值得一提的是，造像这一传统起源于周代末年的楚越地区，之后逐渐流行起来。不管是楚地之人，还是越地之人，最初都不是汉族，而是汉族口中的南蛮；后来逐渐被汉化，形成了混血种族，所以在风土人情上，楚越之地和北方并不完全相同。

随之而来的是庙在中国范围内的普及。到了今天，庙不再只是祭拜帝王、圣贤、功臣、英雄的地方，还被用来供奉道教神仙，甚至被作为佛教礼堂。我们将在后文中依次对这些建筑进行探讨。

三、都城与宫殿

《周礼》对周代国都与宫殿的营造制度进行了详述，我将在这里摘录一二。首先，"匠人营国，方九里，旁三门"，意为建筑家负责对城市进行规划，在四面修筑城墙，每一面城墙均长九里，开城门三个，这便是"十二门"制。其次，"国中九经九纬，经涂九轨"，指的是国都内有九条纵向街道和九条横向街道。日本的平成京街区和平安京街区就是这样的设计，其出处正是这句话。不管是纵向还是横向，街道宽度都是九轨，也就是车轨的九倍长。在周代，车宽六尺六寸，左右两侧各向外延伸七寸，总宽八尺，所以九倍便是七十二尺，相当于人走上十二步。

"左祖右社，前朝后市"，是说皇宫以内，以中轴线为大道，左面为太庙，右面为社稷坛。北京故宫就是这样的。"市朝一夫"，即市朝皆百步见方。

"夏后氏世室，堂修二七，广四修一"，世室就是宗庙，南北纵深为十四步。在夏代，步是长度单位，一步约为五尺。"广四修一"，东西横宽是南北纵深四倍。"五室，三四步，四三尺"，庙堂内有五间屋子，与五行一一对应，纵深为六丈，横宽为七丈。"九阶"，南边台阶为三级，东面、西面和北面的台阶为两级。"四旁两夹窗"，四面墙各开一扇门、两扇窗户，也就是我们常说的四门八窗。"白盛"，如前文所述，是用贝壳磨制出来的白灰，用于涂抹墙面。"门堂三之二"，门口两侧堂屋的尺度是正堂尺寸的三分之二。"室三之一"，两室的宽度是正堂的三分之一。

在描述殷代宫殿时，有文字"殷人重屋，堂修七寻，堂崇三尺，四阿重屋"。重屋就是皇宫的正殿，纵深为五丈六尺。一寻相当于八尺。横宽为七丈二尺。四阿重屋，二重四面有檐之屋，也就是我们前面所说的重檐庑殿顶建筑。

对周代宫殿的描述是："周人明堂，度九尺之筵，东西九筵，南北七筵，堂崇一筵，五室，凡室二筵。"明堂，顾名思义就是宣明政教的地方。周代的长度单位是筵，一筵相当于九尺。不难看出，随着时间走过夏、殷、周各代，建筑规模变得越来越大了。我们在这里看到的夏代宗庙、殷代皇宫及周代明堂，虽然建筑类别有异，很难直接拿来做对比，但它们的造型基本上都一样。图2-1就是聂崇义画的《三礼图》的周代明堂，但因为聂崇义画得很不仔细，所以我们只能从中看出五室的配置方法和窗牖尺寸的制定方法。

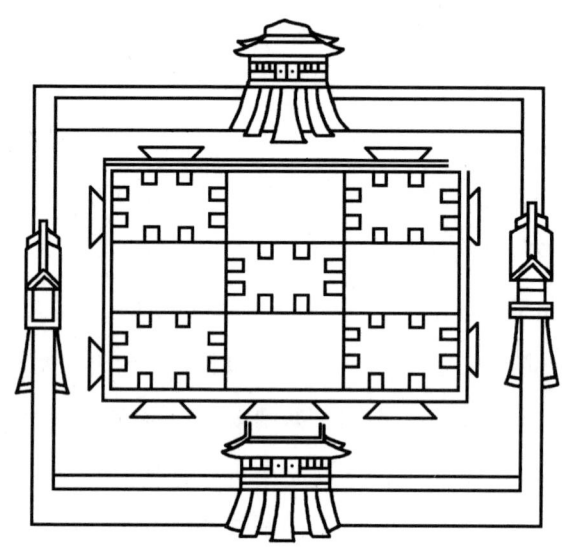

图2-1 聂崇义《三礼图》的明堂

"室中度以几，堂上度以筵，宫中度以寻，野度以步，涂度以轨"，意思是要依照物品的大小来规划适合的丈量尺度。

"庙门容大扃七个"，庙的大门要足够容纳七个大扃并排而立；大扃，也就是牛鼎扃，长度为三尺；因此，庙门的宽度为二丈一尺。

"闱门容小扃三个"，庙的中门被称为闱门；小扃，也就是脚鼎扃，长度为二尺；因此中门的宽度为六尺。

"路门不容乘车之五个"，路门指的是通往寝宫的门；车宽六尺五寸，五辆车总宽三丈三尺；"不容乘车之五个"，其实是指五辆车总宽度的一半，也就是一丈六尺五寸。

"应门二彻三个"，应门即朝门，宽度为三个二彻，一彻相当于八尺，也就是二丈四尺。

"内有九室，九嫔居之。外有九室，九卿朝焉"，所谓内说的是路门之内，外指的是路门之外；在周代，九嫔负责掌管与妇人学习有关的法则。

"九分其国，以为九分，九卿治之"，描述的是九卿的工作职能。

"王宫门阿之制五雉，宫隅之制七雉，城隅之制九雉"，皇宫门梁的长度是五雉。宫隅、城隅就是指城墙。雉，作为长度单位时相当于三丈，作为高度单位是相当于一丈。

"经涂九轨，环涂七轨，野涂五轨"，是关于道路宽窄的规定。国都内的纵横街道均为九轨宽，环城的道路为七轨宽，郊野的道路为五轨宽。

"门阿之制，以为都城之制"，都城是分封给皇亲贵族的国都之外的城市；在修建城门这件事上，都城遵循的是国都的制度，城墙高五丈，城门高三丈。

"宫隅之制，以为诸侯之城制"，各诸侯国城市在修建城墙时也要参照国都的制度，城墙高七丈，城门高五丈。

"环涂以为诸侯经涂，野涂以为都经涂"，表明国都和各诸侯国城市的道路是有等级之分的。

上述引文均出自《周礼》，都和皇家建筑有关。当然，这寥寥数语很难让我们对皇家建筑的营造制度产生深刻的理解，但它至少让我们了解到了那些规矩是从何而来的，又是如何被匡正的。另外，还有一些历史资料也展示出了周代宫殿的面貌，不妨来看一看。

图 2-2 出自聂崇义的《三礼图》，描绘的是皇帝的宫寝。尽管看不出细节，不过结合《周礼》的记述便可得知，皇帝一共有六个寝宫，最前面的是路寝，也就是正寝；路寝之外是燕寝，燕寝有五室，东北室为春天所用，东南室为夏天所用，西南室为秋天所用，西北室为冬天所用，而中央室则为盛夏时节所用。以中国北方的气候条件来说，这样的寝居方式是很不科学的，隆冬时节，照理说应该住在东南室才对，至少不应该住在位于西北的房间里。这可能是为了和五行相配吧，毕竟五行学说将季节与五行联系在了一起，如我们前文所说，木为春位东、火为夏位南、金为秋位西、水为冬位北、土为中位中。当然，这么解释看起来有些牵强。每座宫殿都修建在坛上，均为单檐庑殿顶，正面分为三间，门在中间，窗在左右。这些都和《周礼》中所说的"四旁两夹窗"十分吻合。

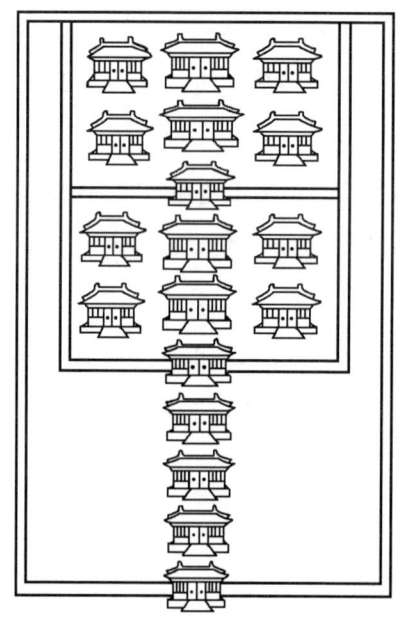

图 2-2　宫殿制

中等宅院的堂室结构大抵也如此，目前看来，这是在中国最为流行的一种建筑形式。图2-3是一幅想象出来的建筑平面图。甲室为会客室，位于中央位置；两侧分别为乙室和丙室，也就是居室和寝室。

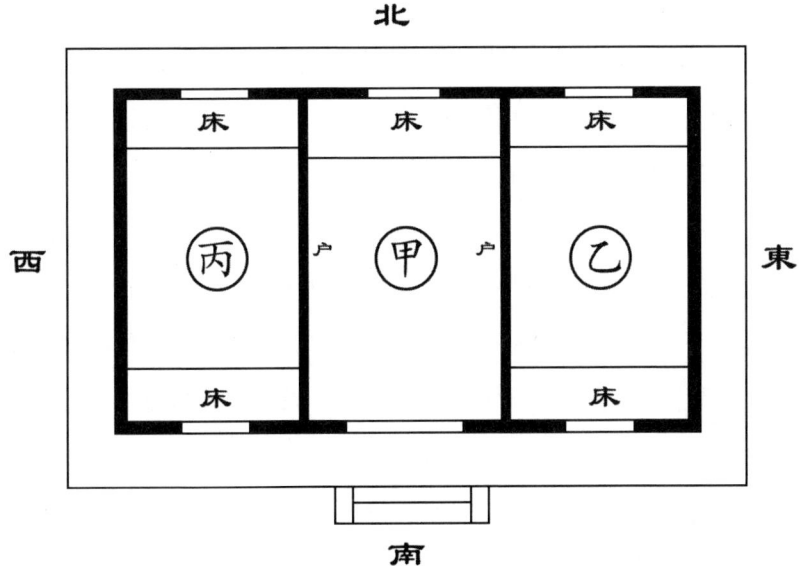

图2-3　中等住宅假想平面图

在《论语·雍也篇》，有这样一段趣味横生的文字："伯牛有疾，子问之，自牖执其手，曰：'亡之，命矣夫！斯人也而有斯疾也！斯人也而有斯疾也！'"按照那时的风俗，带病之人需要躺在朝北的窗户下，但在贵客前来探望时，就得换到朝南的窗户下，以便在相见时，让贵客面朝南方。所以我们可以看到，伯牛原本病卧于乙室或丙室朝北的窗户下，在老师孔子前来探望时，他换到了朝南的窗户下接待。孔子入门之后，本来应该先到甲室，再到乙室或丙室，面朝南方与伯牛相见。或许是为了不给病人添麻烦，或者出于别的什么原因，孔子并没有走进屋内，而是止步于室外，透过窗户与病人握手，并说了些告别的话。这段话不仅告诉我们，伯牛的居所和当下的中国住宅基本无异，还让我们明白了窗户和床榻在高度上的相互关系。

那时候的宅院基本沿袭了传统旧制，四周是围墙，门在正面。围墙起到了保家护院的作用。主人的社会地位越高，财富越多，围墙就越高，装修得也越好。据《论语·子张篇》记载，子贡在被问及自己和老师孔子谁才是圣贤时说道："譬之宫墙，赐之墙也及肩，窥见室家之好。夫子之墙数仞，不得其门而入，不见宗庙之美，百官之富。"可见，普通人家中的围墙通常都不会高过头顶，而皇宫的围墙却有数仞之高。一仞为周制七尺，周制一尺约为七寸五分；所以数仞大概为三四层楼那么高。

自商代起，人们便开始用白灰粉刷墙壁了，到了周代，更好的方法应运而生。孔子看到弟子宰予在白天睡觉，于是呵斥道："朽木不可雕也。粪土之墙不可圬也。"由此不难推断，在孔子时代，好木材上通常会有雕饰，而墙壁则是用普通的泥土、砖瓦砌成的，并被涂上了色漆之类的东西。

门的规制在前文中已有提及，《论语·乡党篇》中写道，"立不中门，行不履阈"，也就是说，在门位置上还有阈[1]，在入门时

---

[1] 即门槛。

不可踩踏阈，而应该跨过去，这是时人的礼数。

官宦人家的大门内外还建有影壁。时至今日，在中国，依然有不少人家会在大门内修建影壁。官衙门外的影壁通常都建得又高又大，其上还绘有一些形态怪异的龙形动物图案，以起威慑之用。《论语·八佾篇》提到，"邦君树塞门"，说的便是影壁，在这句话里，树就是影壁。

我们之前谈到过，在入门处通常建有门房，这种建筑形式至今尚存。基于主人社会地位的高低，门的数量也要按规制增减。进入第一道门后，穿过庭院，也就是中庭，方可来到第二道门前，以此类推，后面是第三道门、第四道门。皇宫从来都是庭院深深、宫门重重的，规模最大的皇宫莫过于北京的故宫。

关于中国宫殿的构造以及用料情况，我知道得也不太详细，不过其外部用砖、内部用木、屋顶覆瓦的基本准则是毋庸置疑的。而且，里里外外都装修得极为精致，所到之处，雕饰不尽，纹饰皆为彩色，立柱上也都修建有斗拱。

《论语·公冶长篇》写道："子曰：'臧文仲居蔡，山节藻棁，何如其知也？'"孔子斥责的是鲁国的臧文仲，因为臧文仲没有遵循礼制。原来，在臧文仲家中，有一间存放占卜用具的屋子，而那栋屋子的斗拱（节）上竟然雕刻着山岳，梁（棁）上也画有草纹。需要注意的是，棁这个字在日文中已被批注上了读音，而且特指伊势神宫内外两宫正殿房梁上的短柱。由此，我们了解到当时宫殿建筑的大致结构：立柱上建有斗拱，屋内房梁是暴露在外的，梁上立有棁，棁上架着栋，椽架外露且画有彩绘；棁上雕刻着草花纹饰，其他地方也都上了色，以作装饰之用。"山节藻棁"的说法主要是为了押韵，节和棁都押了屑字的音[1]；并非指被装修过的地方只有节和棁，其实是在说，各处都有精美的装饰。

事实告诉我们，到了春秋时期，各方诸侯都财力惊人，生活奢靡。鲁庄公让人在桓公庙的橡木上雕刻了花纹；晋灵公[2]为了美化城墙而加重赋敛；在齐景公修建的水池旁，横着的木料上都雕刻着龙蛇，竖着的木料上都雕刻着鸟兽。《石索》第六篇中还说，在宗周[3]丰宫的屋顶瓦当上已出现了四神纹饰，可见当时的制瓦技术已相当高超了。图2-4展示的是《石索》

图2-4　宗周丰宫瓦当文

第六篇的拓本，四面的神像因磨损严重而很难看清，不过正中的"𡭕"图案还是十分清楚的。不难看出，"𡭕"其实就是"丰"字。

四、陵墓

在中国，陵墓建筑从远古时期就已有之。从年代来看，周代之前的陵墓多大都很简单，直到周代末年才出现了规模较大的陵墓建

---

[1]　此为平水韵，节、棁二字都是入声九屑。

[2]　原著为"齐灵公"，实为晋灵公，出处为《左传·宣公》之"晋灵公不君，厚敛以雕墙"。

[3]　镐京，今陕西省西安市西南。

筑。"帝尧之葬，款木为匮，葛万为缄。其穿，下不乱泉，上不泄殡"[1]。舜下葬于苍梧，二妃娥皇女英并未从葬，对人们生活也没有影响，街道上的店铺没有改变；禹下葬于会稽，耕作、植树等一如往常。殷代汤王葬在什么地方，尚无从考证。周文王、周武王、周公都葬在今陕西咸阳渭水北岸，而且都没有修坟头；周公在下葬武王时可谓一切从简；孔子将母亲葬在了防山[2]，只有墓而没有坟，而他的儿子孔鲤在死后只有棺而无椁。

《周礼》对周代的丧葬仪式和陵寝制度做了详细的记述，现摘录如下。

冢人掌公墓之地，辨其兆域而为之图。先王之葬居中，以昭穆为左右。凡诸侯居左右以前，卿大夫士居后，各以其族。

凡死于兵者，不入兆域。凡有功者居前，以爵等为丘封之度与其树数。

王陵叫作丘，诸侯臣子的坟墓叫作封，列侯墓的高度是四丈，关内侯以下直至庶民的坟墓之等级各有不同。

大丧既有日，请度甫竁，遂为之尸。
及竁，以度为丘隧，共丧之窆器。

---

[1]　出自《汉书·杨王孙传》。
[2]　位于山东省曲阜市境内东部。

　　葬礼的流程是：在挖掘窆，也就是墓穴的同时，向土地神行禀报之礼，然后将棺放入墓穴内；下棺时要在墓穴左右立碑，然后将碑击穿，木棍插入孔洞，捆棺的绳索系在木棒上，然后正式下棺。墓道被称为隧，是连接墓室内外的通道。

　　　　及葬，言鸾车象人。

　　在举行葬礼时，被放入銮驾的人像，被称为人俑。如前文所述，人俑演化自殷代的刍灵。

　　　　及窆，执斧以莅。
　　　　遂入，藏凶器。

　　下棺时还会放入一些陪葬器具，也就是明器。据推断，明器的使用起始于夏后氏时期，后沿袭至周代。

　　　　正墓位，跸墓域，守墓禁。
　　　　凡祭墓，为尸。
　　　　凡诸侯及诸臣葬于墓者，授之兆，为之跸，均其禁。

　　上述引文皆出自《周礼》。从春秋时期起，葬礼变得越来越隆重，坟墓的规模也越来越大。在《论语·子罕篇》中我们可以看到，孔子曾着力宣扬厚葬，同时也希冀自己能得到厚葬："予纵不得大葬，予死于道路乎？"孔子的心理暴露无遗。

再来看，孔子弟子颜渊过世，其他弟子打算将其厚葬。颜渊父亲恳求孔子卖了车替颜渊打造一副椁，却被孔子拒绝了。孔子对他说，我儿子孔鲤死的时候都是有棺无椁的。不难看出，那时候有钱的人家都是墓中放椁，椁内藏棺的。

周代陵墓已经开始使用石兽石人做墓地装饰。据《水经注》记载，在周宣王时期，仲山甫的墓地就使用了石羊和石虎，不过后来在魏代时被拓跋氏损毁。之所以要在墓地里种上柏树、放上石虎，相传是因为那时的人们认为魑魅魍魉喜欢吃逝者的肝脏，而柏树和石虎会让它们望而却步。关于石人的使用，有这样一个特殊的案例：自春秋时期起，厚葬之风愈演愈烈，晋文公曾向周襄王申请在墓中修建墓道，但未得到准允，不过后来修建的灵公冢依然违逆了规制。后世发掘出的汉广川王冢令人叹为观止，四个角上放置着石制犬，从旁站立着四十几座手捧烛台的男女石人；逝者遗体的九窍中都放入了金和玉；其他陪葬品都已腐烂，因而不为人知，唯有一只拳头大小、润泽如新的玉蟾蜍保存完好，其腹部能装下五合水，一拿起来就会滴水。相关记载可参阅《西京杂记》。此书还对魏哀王冢做了描述：石床上放着石几，两侧各立着三个戴冠佩剑的男性石人，左右各有二十个从旁侍奉的女性石人，有的拿着巾、栉、镜、镊之类的盥洗用具，有的执盘奉食。

　　文种是越王勾践的大夫，他的墓[1]位于广州东界，墓室内立有华表石柱，有石鹤一只。《述异记》里说，在墓室里立华表的行为开始于周代，不过我并不这么认为，因为华表理应演化自阙，是阙出现很久之后才有的事物。墓室内石鹤、石凤之类的缘起，目前尚还无迹可寻。

　　齐景公墓位于贝邱县的东北面，唐人掘开，深挖三丈，发现一个石函，石函里有一只石鹅。这是《酉阳杂俎》中所记载的。以上这些，都是深埋厚葬的事例。自春秋时期起，达官贵人奢靡成风，无论是葬礼还是坟墓，大都奢华至极，所以墨子才写出了《节葬》。

　　在中国，目前发掘出的王陵还不是很多，大致可分为两类：圆丘和方丘。不管是圆丘还是方丘都是有台阶的，呈半球形和梯形。今陕西咸阳以北地区，也就是古时候的毕原，散落着许多古代坟墓，有的是周代陵墓，有的是汉代陵墓。周代陵墓包括周文王、周武王和周成王之陵，不过目前尚未得到证实。文王陵位于咸阳以北十五里处，是长梯形的方丘。建筑史学家关野贞对其进行了考察，确定陵墓长三百七十五尺有余，宽三百二十尺，高六十尺左右，顶部有个一百五十三尺乘以一百五十四尺的平面。周代初期的陵墓竟然有这么大，难免令人生疑，不过要说那不是文王陵，目前我们还拿不出证据。武王陵在文王陵的南面，是座圆丘。成王陵和康王陵分别位于文王陵的北面和西北面，都是梯形方丘。当然，所有这些陵墓

---

　　[1]　文种墓位于今浙江省绍兴市。

的外部都已崩塌，基本看不出原貌了。（图2-5、图2-6、图2-7）

吴王阖闾的陵墓，也就是著名的虎丘，位于江苏苏州西郊。《越绝书》有记："阖闾冢，在阊门外，名虎丘。下有池，广六十步，水深一丈五尺，桐椁三重，澒池六尺，玉凫之流扁诸之剑三千，方圆之口三千，有槃郢鱼肠之剑。卒十余万人治之，临湖取土，葬之三日，有白虎居其上，故号虎丘云。"时至今日，丘外早已破败，

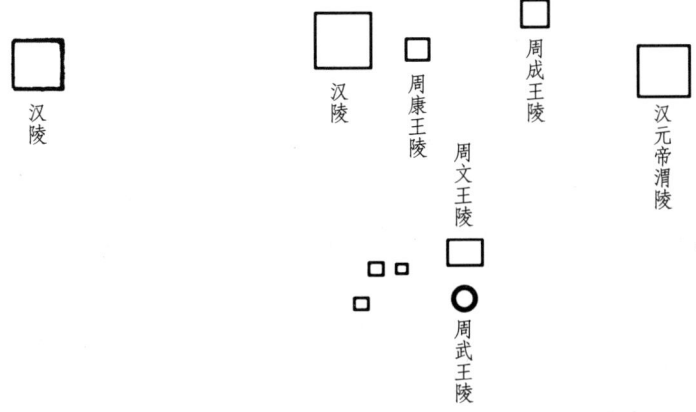

图 2-5　毕原周汉陵墓分布图

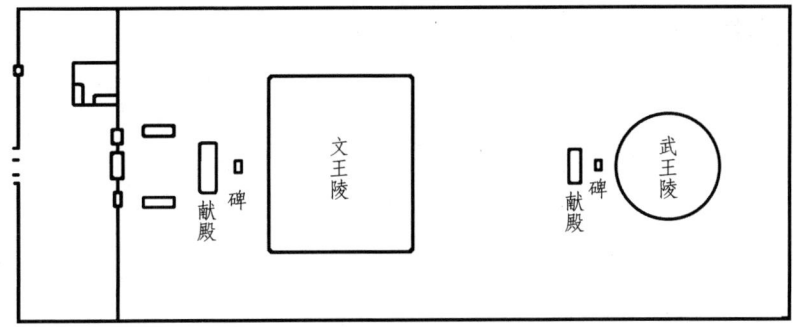

图 2-6　周文王及武王陵

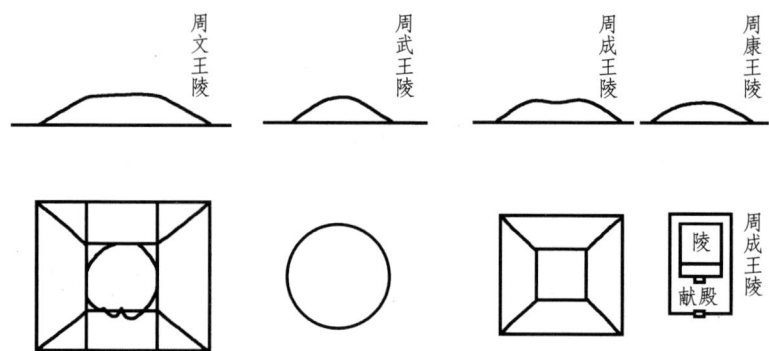

图 2-7　周文王、周武王、周成王、周康王陵

原貌不可考证；丘上有一座塔，建于明代。

齐桓公墓位于山东青州山东铁路沿线，是一座有阶梯的方形坟冢，不过其详细情况还有待考察。另外，附近还有管仲墓。

孔子墓位于山东曲阜，原名为马鬣封，在外观上前低后高，呈棺形，不过现在的墓是圆形的。附近还葬着孔鲤和子思，其墓都呈圆形。据我所知，孟子墓在邹县，也是圆形。此外，在江西南昌，有一座用石料堆叠而成的方锥形墓，相传为澹台灭明[1]之墓，且不论真假，这样的形式的确是很少见的。

纵览周代的王陵和诸侯墓，尽管形式简单，但规模可叹。由此可见，在周代时，可谓国家昌盛，文化先进。

---

[1]　即子羽，孔子七十二圣贤之一。

五、纹饰

在周代，建筑装饰已蔚然成风，可观可赏。这从前文实例中便能窥得一斑，不过就详细情况而言，我们还不甚了解。

"山节藻棁"中的"山节"指的是在斗拱上雕刻山纹，"藻棁"指的是在房梁的短柱上绘制草花纹。在史料中，有很多关于用山纹做装饰的例子。据记载，在远古时期，帝王的衣服上就已经绘有山形的装饰性图案了。对此，没理由否认。至于草花纹，则有待商榷。按理说，远古时期的纹饰，譬如我们在周代和汉代的铜器、玉器上所用的那些，几乎都是动物纹、天体纹和几何纹等，而植物纹则基本上没有。这是因为那时候的中国人并不在意对自然界进行客观观察，而是更重视对人类自身进行观察，他们尊崇阴阳五行学说，笃信吉凶之兆，等级观念深重，在他们看来，纹饰的内涵比外观重要得多，因此匠人们绝不会随心所欲地绘制纹饰。这便是为什么那时候的纹饰线条僵硬，毫无蜿蜒之势与流畅之感，总是散发着神秘的气息。当然，纹饰大多是被雕刻在坚硬的石料、玉器等材料上的，由于当时的工具还不太锋利，所以线条僵硬也算是情有可原。之所以很少采用植物纹，或许是因为北方历来少树，从而限制了人们对植物的观察。可是，花草、蔬果之类的植物，在北方并不算罕见，照理说应该有一些相应的植物纹出现，然而截至目前，我们还没有看到过，这的确有些匪夷所思。藻，也就是水草，是草花纹的原型，这一观点看似没错，可又有些令人生疑。就算我们认为藻其实指的是藤蔓植物，也无法让草花纹变得优雅委婉起来，它还是汉镜上的那种僵直的半几何图案。

如前文所述，《石索》第六篇曾提到宗周时期的"丰"字瓦当，假如在周代初期就有了在瓦当上装饰文字纹，在屋顶边角装饰各种物件的先例，那么不难推断，在史料中理应还有关于刻楣、刻墙之类的记述。

我们还无法确定，那些雕刻在玉器、铜器上的特殊纹饰到底有没有被用于建筑装饰。不过可以确定的是，一些种类的特殊纹饰在经过变形处理之后被用在了建筑上，这一点可以参考后世建筑的实例。我们在梁、脊、枋、短柱等构造上所看到的雷纹和云纹，说不定就是这种经过变形处理的纹饰；这一观点同样适用于藻纹等纹饰。当时的窗扉已拥有相当繁复的装饰造型；建筑的里里外外都被上了色，色彩的选用一如今日，主要为红色；较为精细的纹饰则被着上了蓝色。

第三节　秦

一、概述

至秦始皇吞并六国一统天下，中国实现了第一次大一统，迎来了第一个大帝国。

虽然秦代的统治时间很短，但它于文化史而言，可谓意义非凡。在周代已得到发展的文化艺术，到了秦代更是突飞猛进了。秦始皇英姿勃发、壮志凌云，浑身都充满了不见古人、不问来者的创世气概，要一心想要做出气吞山河的大事，在文化和经济上超越历代，缔造新的文化艺术成就。他命蒙恬沿着北方边境修筑起了长城，以抵御匈奴的侵扰。据说，长城西起临洮，东至辽东，蜿蜒盘旋于崇山峻岭之上；人们不知道它到底有多长，于是称其为万里长城。当然，这样的丰功伟业，并非秦始皇时代的专属，实际上早在战国时期，为了防患北狄，燕国和赵国就已开始修筑"长城"了；秦始皇只是命人将历代"长城"连了起来，修补并增筑了而已。此后的六朝、隋代、明代等，也都对长城进行了完善。要说哪几段长城是秦始皇所修筑的，目前尚无定论，不过应该不是现存的这几段长城。

日本研究者桥本增吉曾对长城的起源做过调查，并发表了自己的研究结果："春秋战国时期，群雄争霸，为了相互制衡，长城横空出世，而后才被用作抵御外敌。据史料记载，最早的一段长城是在公元前三七八年由齐国修筑的；公元前三六九年，中山国修筑长城；公元前三〇六年，秦国、赵国均有修筑长城。彼时，大部分城墙都是用土修筑的。《诗经·大雅》有记，'以尔钩援，以尔临冲，以伐崇墉'，墉就是土墙的意思。《易经》有记'城复于隍'，说的是城墙倒塌后，重新挖取壕沟的土构筑城墙。这些只言片语不仅勾勒出了当时城墙的构造，也道出了后来的长城为什么要用砖筑造。"

　　秦始皇统一了中国，而后对已有的长城进行了连接、修补和增
筑，这无疑就是他想要做的大事。不过，这还不是我们今天所认识
的那座，据说是西起临洮，东至辽东，蜿蜒盘旋于崇山峻岭之上的
长城。现在我们所看到的长城，逶迤在汉族聚居地与北狄聚居地的
分界线上；边境有关卡，城门两侧有城壁；作为界限，城壁的修建
因地而异，有的地方只修了几百米就戛然而止于断崖，有的地方则
要沿着漫漫山脊修上十几里。正因如此，长城才会展现出万千形态。

　　在实地勘察中，我们发现，位于河北北部张家口的一段长城遗
址是现存最古老的（如图2-8和图2-9所示），不过尚无法确定它
是修筑于秦代，还是秦之后。这段残存的长城修筑在城门西面的丘
陵上，所谓的城墙，更像是由小石块堆砌而成的石垒，造型很是简
单，呈等边三角形。底宽只有一丈，高也只有一丈五；石料就是所
在丘陵上那些裸露在外的岩石，大小都在一尺至二尺之间，一个人

图2-8　河北省张家口的长城遗址

就可以抱起并进行搬运；石块之间的缝隙并未用灰浆类的黏合剂填充，看起来杂乱无章，而且很轻松就能攀爬上去；附近还有望楼遗址及坍塌之后的塔的碎片。我们不太确定这段长城的确切长度，目测应该有好几百米长。这么简单的城墙修建起来应该不是什么难事，就算绵延几十里、几百里，只要建造的人足够多，不出几年工夫，定然是能够完工的。总之，古代长城的修筑因地而异，有的地方用石，有的地方用土，有的地方用砖；另外，规模和构造也都会有相应的变化。

秦始皇时常大兴土木，最具代表性的莫过于阿房宫。阿房宫坐落于渭水之畔，与咸阳隔水相望，也就是现在西安市的西郊。史料有载，阿房宫东西长五百步，南北长五十丈；大殿之上能坐下上万人，大殿之前能立下五丈旗，护城河上建有阁道，绵延至南山，五

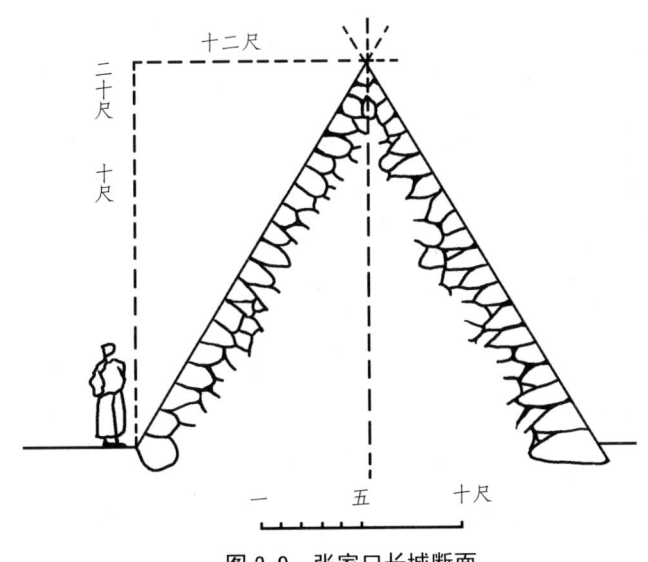

图 2-9　张家口长城断面

步一楼，十步一阁。这足以说明阿房宫的宏大规模。在武梁祠中，我们可以看到与秦王宫殿有关的雕刻作品，从中不难看出那五步一楼，十步一阁的盛景。尽管史料所载多有夸大之处，不过从秦始皇的秉性来看，阿房宫一定是一座无比宏伟壮丽的建筑（可参阅第一章第四节）。

秦始皇还曾在渭水上修建桥梁。相传，在修桥的时候，因为铁墩实在太重，没有人能移得动，所以人们凿刻了大力士孟贲等人的石像，在一番祭拜之后，铁墩便可移动了。这座桥据传有三百六十步长，六十尺宽，六十八个桥拱，并于东汉初平元年（即公元一九〇年）、东晋义熙十三年（公元四一七年）经过两次修缮，可惜在唐高祖武德元年（公元六一八年）被拆。

秦始皇派人到处收集兵器，运到咸阳，一番熔铸之后，得到钟镰和铜人各十二个，并将其立在了咸阳宫的外面。每个铜人的重量都不下千石，也就是二十四万斤左右，身高五丈，足长六尺；每个钟镰都是两三丈高。由此可见，这些铜器简直巨大无比，同时也能看出，秦代的熔铸技术已有了明显的提升。

至于秦代明堂的规模，可参阅聂崇义《三礼图》中的例子（如图 2-10 所示），虽然那些例子都不是很细致。按照聂崇义的解释，周代将五室改为了九室，于是就有了三十六户、七十二牖及十二级。值得一提的是，四面的城门都修筑为三拱式。图 2-10 中所示的城门门拱，的确有值得商榷之处，不过其类似于抛物线的画法，看起来很有意思。细细看来，那门拱可不是正圆弧，倒像是椭圆形再加上抛物线，和当下所能见到的各个城门门拱颇为相似。

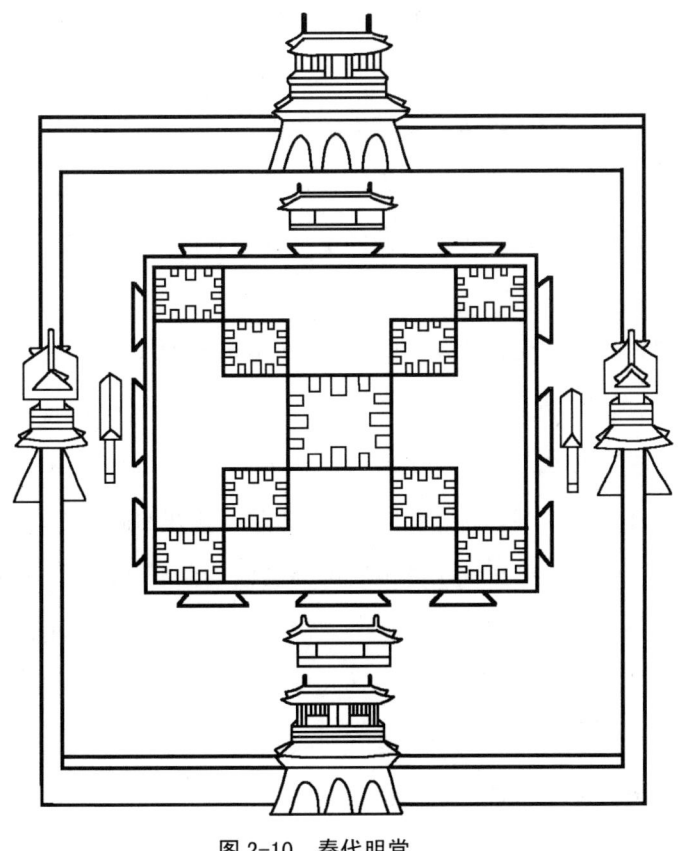

图 2-10 秦代明堂

二、遗迹

在秦代遗迹中，最值得一提当数秦始皇陵。秦始皇的陵寝修建在今陕西西安以东五十里处，临潼的骊山山麓上。有史料称，秦始皇刚即位没多久便开始着手修建自己的陵墓，征发七十多万人，下穿三泉，上筑山坟，高达五十几丈，方圆五里有余；里面的石椁上画着各种星宿，下面灌满水银象征着四渎[1]和百川；墓内放满了金蚕、玉鲸、衔火夜明珠、金银制成的凫雁、琉璃等杂宝制成的龟鱼等各种奇珍异宝。相传，楚国大将项羽入关后发现了这座陵墓，动用了三十万人，花费了三十天，依然没能把里面的珍宝搬完。王陵上原本还立有石兽，后来被搬到了汉代的五柞宫，据说石兽高达一丈三尺。

到了今天，秦始皇陵仍然矗立在渭河平原上，只是外部有些许受损。这让我们无法确定它初建成时的真实规模。通过考察可知，皇陵平面呈方形，至于边长，建筑史学家关野贞的测量结果是一千一百三十尺，我的结果是一千尺左右。现在的高度不足一百尺。考虑到整体上的平衡性，建成时的高度应该也不会超过一百尺。现存的部分呈阶梯式方锥形，这一点确凿无误，不过最初的造型却不可考。文献中所提到的石兽以及其他物品，未曾得见于发掘现场，如果做进一步的发掘，应该能有所收获吧，至少可以找到些没被项羽搬走的明器（如图 2-11 所示）。

图 2-11　陕西省秦始皇陵

---

[1]　长江、黄河、淮河、济水的总称。

　　不管怎么说，秦始皇陵应该是中国现存最大的陵墓了。根据建筑史学家关野贞的测量，王陵的表面积为三万五千坪，我的测量结果为两万八千坪，比埃及胡夫金字塔还要大。日本仁德天皇的陵寝超过了十万坪，是世界范围内的巨型陵墓，现在看来，秦始皇陵也堪称世界顶级的巨型陵墓。

　　关于秦代瓦类的划分，《石索》有载的为瓦当十六种，以及平瓦一种，足以为信。图 2-12 所示的中央位置刻有"维天降灵延元万年天下康宁"字样的瓦当，据说发掘自阿房宫遗址，直径为四寸五分；另有"卫（衛）"字瓦当，许是仿自卫国宫殿（如图 2-13 所示）。

　　《史记》写道："秦每破诸侯，写放其宫殿，作之咸阳北阪上。"《长安志》也有载："瓦作楚字者秦瓦也。"由此可见，自吞并六国起，秦国便开始仿建各国建筑，还把"秦"字刻在瓦当上。因为处于偏远地区，秦国的文明发展得很慢，所以它很懂得总结并吸取中原各国先进的文化艺术。

　　图 2-14 所示的瓦当极为珍贵，其下方绘有鸿雁，上方写着"延

图 2-12　秦瓦当文　　　　图 2-13　秦瓦当文　　　　图 2-14　秦瓦当文

年"两个字,直径在五寸左右,据说是秦代鸿台上的瓦当。鸿台建成于秦始皇二十七年,足有四十丈高,其上建有瞭望台,之所以叫鸿台,是因为一国之君曾经在这个瞭望台上射中过飞翔的鸿雁。

在对遗址进行过考察后发现,阿房宫所使用的瓦当,都写着"西瓦廿九六月宫瓦"的字样,原因不详。直到现在,人们有时候还能在阿房宫遗址附近看到秦代瓦当。

第四节　汉

一、概述

从西汉到东汉,汉代历时绵延了四百多年;从公元前二〇七年到公元二二一年,文明随之铿锵前行。历经周代、秦代的飞速发展,汉文化在汉代逐渐大放异彩。大汉帝国的实力着实不容小觑:不仅平定了北方的匈奴,还将安南北部划入版图,将西面的新疆收入囊中,将葱岭以西的大夏、康居、大月氏、安息等招致旗下。西面更远处的条支、大秦等也见识到了大汉的权威,开始互通有无。印度佛教也随之来到了中国。就这样,各个大国都陆续和汉有了交往,商品贸易逐渐展开。

以史实为基础，汉代艺术的演进大致可被分为三个阶段。第一个阶段，自汉代初年至武帝时期之前。这个时代沿袭了周、秦传统的纯汉族艺术。第二个时期，自武帝时期博望侯张骞出使西域，直至东汉明帝时期。这是一个纯汉族艺术与西域艺术相互交融的时期。西域艺术主要是泰西古典艺术融合了西域各地艺术后的产物。第三个阶段，自东汉明帝时期，直至印度高僧摄摩腾和竺法兰将佛教引入中国。此间，传统艺术和佛教艺术多有融合。

以上三个基于史实的历史阶段，与著名汉学家夏德先生的观点不谋而合，他的观点我们在前文中已经讨论过。不过，历史是不是真的就此而发展，我们还需要做一番考量。例如，有人认为葡萄是由张骞从西域带回汉土的东西，可又没有办法就此确定，葡萄藤草纹饰起源自汉武帝时期；有人认为海马葡萄镜是西汉文物，可又拿不出任何实实在在的证据；有人认为佛寺这类建筑始建于东汉明帝时期，可又不敢肯定地说，它们采用的是印度建筑构建方法，也很难从其各种装饰物中辨认出印度建筑的工艺和纹饰。通常，一种艺术要实现与其他艺术的融合并得以普及，必然需要历经很长一段时期的相互接触，那些镌刻在历史中的时代产物并不会立刻现身于当时的艺术上。在我看来，西亚艺术开始在中国逐渐得到普及，应追溯至东汉时期班超对西域的探访。佛教得以在中国发展起来，也是汉代以后，也就是两晋时期的事情。

综上所述，在汉代一统天下的四百年里，艺术秉承周、秦之风，纯汉族艺术是社会主流，尽管西域艺术蜂拥而入，但最终还是被汉族艺术兼容并蓄。西域艺术的确在一定程度上影响了汉族艺术，不过其影响程度尚不足以将汉族艺术完全颠覆。汉代之后，佛教艺术发展迅猛，不过在此之前实力平平。

汉代艺术原本就有的那些形式从来就没改变过，所以我们没有必要刻意地对其发展过程中出现的各种形式上的变化做出划分。不过，汉代艺术和周代艺术之间的一些不同之处，还是值得提一提的：首先，一般艺术风格由周代的古朴转变为庄重；其次，国力发展带动了艺术的发展；第三，西域各国的文化艺术为汉代艺术注入了新意；第四，佛教传入后，佛寺，或者说伽蓝建筑出现得越来越多，佛教艺术在中国萌芽了。接下来，我们将按照建筑类别，一窥汉代建筑的究竟。

二、宫殿

汉代宫殿的壮美程度堪比阿房宫，甚至大有超越之势。虽然目前发掘出的遗迹尚不足以证明这个观点，但在历史文献中却记载得清清楚楚。无论是建于汉高祖时期的未央宫和长乐宫，还是建于汉武帝时期的上林苑，都是令人叹为观止的宏伟建筑，哪怕相关记载有浮夸之嫌。汉代的刘歆在其著作《西京杂记》中写道：

> 汉高帝七年，萧相国营未央宫，因龙首山制前殿建北阙未央宫，周回二十二里，九十五步五尺，街道周回七十里。台殿四十三：其三十二在外，其十一在后宫。池十三，山六。池一，山一亦在后宫。门闼凡九十五。武帝作昆明池，欲伐昆吾夷，

教习水战，因而于上游戏养鱼，鱼给诸陵席祭祀，余付长安市卖之，池周回四十里。

在《西京杂记》中，我们还能看到许多有意思的记述，例如汉成帝宠妃赵飞燕和她的妹妹在宫中玩乐的场景：

> 赵飞燕女弟居昭阳殿，中庭彤朱，而殿上丹漆，砌皆铜沓黄金涂白玉阶，壁带往往为黄金缸，含蓝田璧，明珠翠羽饰之。上设九金龙，皆衔九子金铃，五色流苏，带以绿文紫绶金银花镊，每好风日，幡旄光影。照耀一殿，铃镊之声惊动左右，中设木画屏风，文如蜘蛛缕，玉几玉窗，白象牙簟。绿熊席，席毛二尺余，人眠而拥毛自蔽，望之不能见，坐则没膝其中，杂熏诸香，一坐此席余香百日不歇……

奢华程度可谓令人咋舌。再例如对汉哀帝最宠爱的臣子美少年董贤的描述，汉哀帝被他迷得神魂颠倒：

> 哀帝为董贤起大第于北阙下，重五殿，洞六门，柱壁皆画云气华花、山灵水怪，或衣以绨锦，或饰以金玉。南门三重，署曰南中门、南上门、南更门，东西各三门，随方面题署亦如之。楼阁台榭，转相连注，山池玩好，穷尽雕丽。

汉代宫殿及亭台楼阁大多都装修得很浓烈，无论是色彩还是纹饰，抑或是金银、珠玉之类的装饰物。就纹饰而言，多为造型奇特、独树一帜的高级动物纹和植物纹，珠玉大多来自西域。

对于汉代宫殿的壮美，班固在《两都赋》中也不吝笔墨。由于担心汉和帝不愿意从洛阳离开，班固呈上了《两都赋》，热情地赞美了长安的宏大规模与繁荣景象：

建金城其万雉，呀周池而成渊，披三条之广路，立十二之通门。内则街衢洞达，闾阎且千，九市开场，货别隧分。人不得顾，车不得旋。阛城溢郭，旁流百廛。红尘四合，烟云相连。

《两都赋》还对上林苑的曼妙景致做了描绘：

西郊则有上囿禁苑，林麓薮泽，陂池连乎蜀汉，缭以周墙，四百余里。离宫别馆，三十六所，神池灵沼，往往而在。其中乃有九真之麟，大宛之马，黄支之犀，条支之鸟。逾昆仑，越巨海，殊方异类，至于三万里。其宫室也，体象乎天地，经纬乎阴阳，据坤灵之正位，仿太紫之圆方。树中天之华阙，丰冠山之朱堂，因瑰材而究奇，抗应龙之虹梁，列棼橑以布翼，荷栋桴而高骧。雕玉瑱以居楹，裁金壁以饰珰，发五色之渥彩，光焰朗以景彰。于是左城右平，重轩三阶，闺房周通，门闼洞开，列钟虡于中庭，立金人于端闱……

班固的描写引人入胜。上林苑中饲养着来自世界各地的动物，譬如来自条支的鸟，想来应该是鸵鸟；宫殿内的雕刻与彩绘精美至极，栩栩如生，让人顿感身临其境。不难看出，汉代已大有向世界发展的趋势。用五彩粉饰宫殿，用金银珠玉装饰楹和珰，采用虹梁工艺将梁架修建为龙形，由此可见，那时候的建筑雕刻技艺可谓登峰造极。

再来看一个类似的例子。建于汉武帝时期的上林苑位于长安西郊的渭水南岸。由瓦当上所雕刻的"甘泉上林"四个字来看，它和甘泉宫渊源颇深。甘泉宫相传建于秦二世时期，位于今陕西西安西北部一百五十里左右的淳化，与上林苑原本相去甚远。汉武帝时期，上林苑迎来了大规模的修理与扩建。元封二年（公元前一〇九年），也有人认为是元鼎元年，汉武帝命人在今淳化修建通天台（也被称为候神台、望仙台）。通天台有二十丈高，房梁用香柏树建成，据说香气可以蔓延十里，因此又得名柏梁殿。通天台上所立的铜柱（金茎）足有三十丈高，上面刻有神仙；神仙手捧着盛天赐甘露的玉杯，也就是承露盘。据说承露盘"大七围"，站在两百里外的长安城里也能看见。相关记载可见于《西都赋》：

抗仙掌以承露，擢双立之金茎。

远看通天台，像是耸立着两个金茎。

传说，汉昭帝元凤年间，通天台突然自毁，椽、桷变成了龙、凤，腾云驾雾，远去不复。想来在其椽和桷上，应该刻着龙、凤图案。

此外，还有传言说，景初元年（公元二三七年）十二月，曹魏的魏明帝想将长安的钟虡、骆驼、铜人和承露盘全都迁移至洛阳，没想到承露盘断裂了。

除了通天台，当时的长安还建有飞廉柱馆，顾名思义，其屋顶上放着铜制飞廉。汉献帝时期，曹操于建安十五年（二一〇年）修建铜雀台，屋顶上放着铜雀；十八年后又修建了金虎台，屋顶上放着金虎。铜雀台遗址位于今河南丰乐以东十五里，从遗址中出土了多种带有雕饰的砖瓦。出土文物中还有一尊惟妙惟肖的石狮，雕刻工艺之高超，可谓世间罕见。这尊石狮藏于东京大仓集古馆，可惜的是，在日本大正十二年 [1] 的大地震和火灾中严重受损。

三、陵墓

到了汉代，陵墓建筑有了长足的发展，无论是仪式还是形式都已很完备。虽然没有出现超越秦始皇陵的宏伟陵墓，但汉代各帝王陵的规模无疑也是相当庞大的，陵前无不耸立着石阙、石兽、石人、石碑等。另外，在外陵的前面还建有为祭祀所用的享殿。

《水经注》中写道，郦食其庙位于河南偃师，庙门前立有石人两个，石人向西一侧又立有石阙两个；尽管在北魏时期受到了损毁，不过存世高度仍然有一丈多。所谓石阙，其实是一种石门，门柱成对，坚实无比，但中间并没有用于开合的门。产生自何时，我们不得而知，不过在东汉遗址中已有得见，而且上面还雕刻着精美的纹

---

[1]　大正十二年即一九二三年。

饰。《阿房宫赋》有云，"表南山之巅以为阙"，不难看出，在周代和秦代，石阙就已存在。

另外，根据颜师古所做的注释，陕西兴平冠军侯霍去病墓的墓前立有石人和石马；丹阳大姑陵立有石麒麟两座；河南密县湲水南岸的弘农太守张德墓立有石阙两个、石人两个、石碑三块，及石柱几根、石兽少量。相关记载详见历史文献，我们由此可推断出汉代的陵寝制度。

汉代的王陵遗址主要有以下几处：

1. 汉惠帝之安陵，位于今陕西三原。

2. 汉景帝之阳陵，同上。

3. 汉元帝之渭陵，位于今陕西咸阳。

4. 汉宣帝之杜陵，位于今陕西西安南。

渭陵的规模是最大的，平面为长方形，立面为梯形，供有五级台阶。幅员长七百九十尺，宽度为七百二十五尺，高度为九十尺左右，占地面积大概为一万六千坪，比埃及胡夫金字塔还要大，可见汉代陵墓的规模之巨。底面大小与高度的比例关系并不固定，通常来讲，高度应为底面宽度的五分之一至八分之一。图 2-15 是建筑史学家关野贞所测绘的汉惠帝、汉景帝、汉元帝和汉宣帝的陵墓平面图。

一九一四年至一九一七年，法国人维克多·谢阁兰（Victor Segalen）[1]，吉尔伯特·万桑（Gillbert de Voisins）和

---

[1]　一八七八年至一九一九年，二十世纪初法国著名的作家、旅行家、探险家。

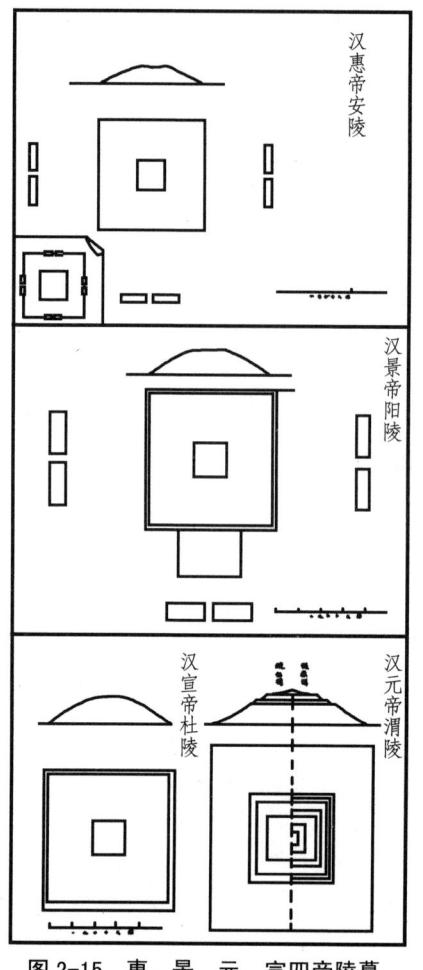

图2-15 惠、景、元、宣四帝陵墓

让·拉赫里格（Jean Lartigye）对西汉五帝一后的陵墓进行了考察，便在报告书《中华考古图志》（*Mission archéologique en Chine*）中记录下了陵墓的信息，如图2-16、图2-17所示。

除了王陵遗址，山东嘉祥的武氏祠、山东肥城的孝堂山祠可谓是名气最大、地位最重要的汉代陵墓建筑。

武氏祠位于嘉祥东南外三十里处的紫云山西麓武翟山北麓，是武氏的墓地。武氏是殷代帝王武丁的后代，自汉代之后逐渐成为当地的名门贵族，并数次被加官授爵。墓地入口处所立的石阙是武始公、绥宗景兴、开明等兄弟为其父亲武斑所修建的，打造这座石阙的匠人是孟孚和季丁卯，耗资十五万。石狮耗资四万，出自雕刻家孙宗之手。石阙与石狮至今犹存。由石阙上的文字可知这座墓修建于东汉时期汉桓帝建和元年丁亥（公元一四七年）。墓地里还散落着几座坟茔，分别为武梁石室、武氏前石室、武氏后石室，

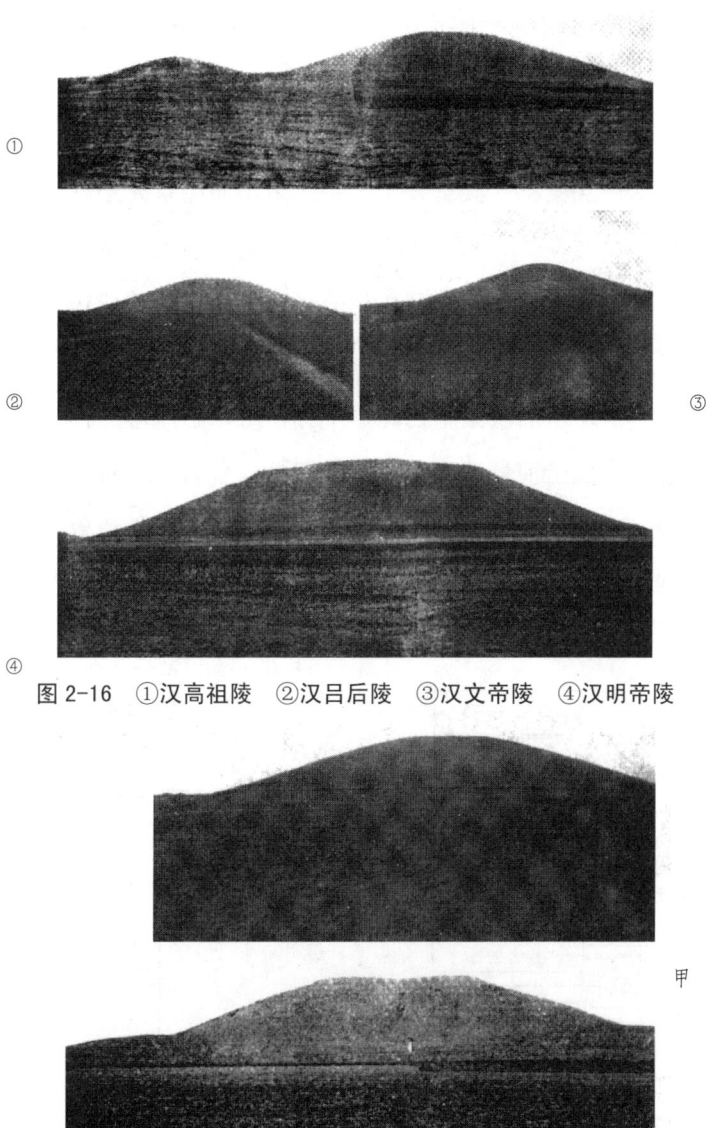

图2-16　①汉高祖陵　②汉吕后陵　③汉文帝陵　④汉明帝陵

图2-17　甲汉元帝陵　乙汉成帝陵

且都建有享堂。乾隆五十四年，在对墓地进行整修时，人们又在武氏祠的左边发现了一块墓石，上面写着武氏左石室。这些墓石在整修时被集中到一起，随后被整齐地放置在了新建的享堂里。武氏祠常常被人称作武梁祠，武梁，是绥宗之名，而绥宗死于汉桓帝元嘉元年（公元一五一年）六月三日，享堂肯定是后人所造的。这么看的话，武梁祠这个名字不若武氏祠恰当，哪怕按照前任传统称其为武家林祠也好。

如今，墓地里的坟茔早已踪影不弥，所以它原本的模样自然是无从可知了。坟茔前修建有享堂，入口处立着石阙一对，石阙前又立着石狮一对。我们能看到的也就这些了，除此之外还曾有过何种装饰，恐怕谁也不知道。据推断，那对石狮可能是中国现存的最古

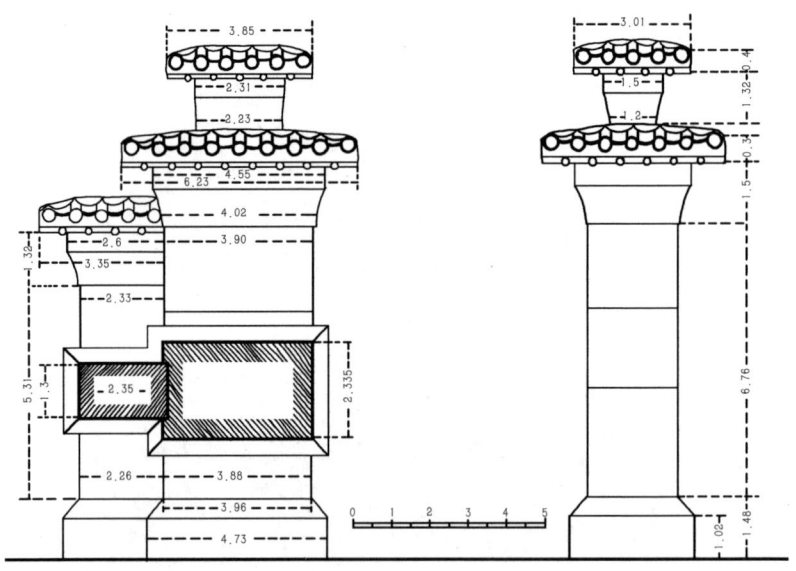

图 2-18　武氏祠阙横断面

老的动物石雕，略带有写实的意味，看上去颇为巧妙。如图 2-18 所示，石阙的主柱连接着副柱，有两重顶，表面被浮雕覆盖。在这里，我们无法对主柱表面的浮雕做深入了解，不过就内容而言，全是历代圣贤的传记、神话传说、祭祀仪式之类，和享殿内的画像石一脉相承。享殿内的石质平面上刻画着许多其他的建筑，这无疑为我们研究中国建筑的形式及工艺提供了宝贵的资料。在后文中，我们对这些石画进行详细探讨。

　　孝堂山祠位于肥城西北六十里的孝里铺，由两间刻满画像的石室组成，其坟茔、石阙等早已不知其影踪。高齐陇东王胡长仁在路过这里时，听当地的长者说这座墓的主人名叫郭巨，于是便对墓地做了整修，并立上了颂碑。这个说法源自祠外石碑上的《感孝颂》，不过有些地方值得怀疑。我曾看过一篇小说体传记：郭巨是西汉时期的人，为了赡养年迈的母亲，他不得不将亲生儿子掩埋以求一釜黄金。假如这孝堂山祠真是郭巨的墓，那么它理应是西汉遗址才对，然而后世之人却在碑文中写道：

　　　　平原湿阴邵善君以永建四年四月二十四日来过此堂即头叩头谢贤明。
　　　　泰山高令明永康元年七月廿一日敬来观记之。

永建四年（公元一二九年）正值东汉顺帝时期，而永康元年（公元一六七年）则是东汉桓帝时期，可以肯定的是，孝堂山祠建于永建四年之前，但具体时间有待考证。就雕刻工艺而言，孝堂山祠和武氏祠算是伯仲之间，因此说它是东汉遗址或许更为恰当，当然，也不能就此认为它绝对不是西汉遗址。

除了武氏祠和孝堂山祠，山东还存有其他一些汉代墓祠遗址。例如位于山东济宁以南八十里处的两城山遗址，这里出土的十六块墓石均有雕饰，内容涉及历史与传统习俗，并被收录进了《山左金石志》。帝国大学工科大学建筑系的教室里珍藏着许多墓石，其中有六块大小不等的墓石来自孝堂山的山脚下，与前述各种墓石的石料相同，是硬度极高的石灰石。由此看来，以后应该还会经常发现石材相同、出处不详的墓石。

关于墓前石人的记述，史料中并不鲜见。例如，现存于曲阜矍相圃的石人，原本是立在鲁国诸王墓里的。鲁国诸王墓位于曲阜旧县以南八里某处，是恭王馀及其子孙的墓地，本来有大墓二十几座，石兽四尊，石人三个。乾隆五十九年，有两个石人被挪到了矍相圃。这两个石人，一个刻着铭文"府门之卒"，另一个刻有"汉故乐安太守廉君亭长"字样，外观朴素且重厚，高度为七尺多一些。

四川的汉代遗址也较多。据《石索》所记，汉代兖州刺史王稚子（名涣，字稚子）的墓位于新都以北十二里的国道西面，墓前原本立着石阙一对，后来不知其影踪。

在前文所提及的三位法国探险家的报告书中不乏众多惊世发现，其中最引人注目的当属位于四川渠县的冯焕阙。冯焕殁于公元一二一年，也就是东汉安帝建光元年。图 2-19 展示的是立于冯焕阙前的石阙。我们可以看到十分明显的斗拱，类似于唐式双斗

图 2-19　四川省冯焕的墓阙

的设计也显而易见。而这种镰仓时代[1]末期才在日本出现的设计，此时已见端倪；檐部的扇椽设计，在日本也是镰仓时代才出现。

在四川绵州的平阳府君阙（如图 2-20 所示）上，我们看到了设计得更繁复的斗拱，弯曲起伏的形状看起来很是离奇。檐部下方的小壁上刻着神兽图案的浮雕，立柱上方的斗拱上也刻着纹饰。这样的设计完全超越了时代，令人仰止。据推断，这座建筑修建于二世纪初叶。

高颐阙位于四川雅安以北二十里处，目前已经确认建于公元二○九年，也就是东汉献帝建安十四年。檐部下方的小壁上所雕刻的图像保存完好，雕刻形式和武氏祠、孝堂山祠的石雕如出一辙，甚至更为精良；斗拱则与平阳府君阙的斗拱基本相同（如图 2-21 所示）。

图 2-21 四川省高颐墓阙

[1] 镰仓时代，即一一八五年至一三三三年。

图 2-20　四川省平阳的墓阙

四、祠庙与道观

我们在第二章第二节中对中国的祠庙建筑做过一些简单的介绍。如我们所知，除了用来祭拜先祖之外，祠庙也用以祭拜神灵及特殊人物等。一方面，祭拜先祖的需求衍生出了祖庙这类建筑；另一方面，祭拜神灵的需求在被宗教化之后则催生出了一种宗教，那便是道教。众所周知，无论是秦始皇还是汉武帝，都对神灵尊崇之至，所以这段历史时期内，祠庙建筑层出不穷。据说，秦始皇曾封泰山、禅梁父，而泰山为五岳之一，可见在那之前，人们便开始祭拜五岳神了。五岳指的是：中岳嵩山，位于河南；东岳泰山，位于山东；西岳华山，位于陕西；南岳衡山，位于湖南；北岳恒山，位于河北与山西的交界处。尽管无从知晓这祭拜五岳神的传统究竟源自何时，不过不难推断，九州初定之时，位于东西南北中的五座高山就已被大禹指定好了。

这类庙堂建筑的中心安放着神位，入口处建有门阙，立有石人、石兽等，建筑规制和陵墓相差无几。用于祭拜特殊人物的祠庙也大抵如此。

说到现存于世的此类汉代遗址，不得不提位于河南登封以东八里嵩山西南麓的中岳庙。庙前耸立着石人两个，右侧石人的顶部刻有"马"字，造型质朴，但比例较为奇特，可能与下文将要提到的太室石阙建于同一时期，不过也有可能建于更早时候。

从中岳庙向南走上一百多步，便可看到太室石阙。上面所镌刻的铭文告诉我们，它建于元初五年（公元一一八年）四月，建造者为阳城的长吕常。无论是形式还是工艺，基本上都和武氏祠的石阙相同，表面刻有人像浮雕与动物浮雕。这或许是中国迄今已知的带铭文的遗迹中最古老的一个了。

在阳城，还有开母庙石阙，位于登封以北十里，崇福观以东二十步。就形式、造型、浮雕而言，和太室石阙并无二致。铭文中刻着"延光二年"字样，由此可见，它和太室石阙一样，都是东汉安帝时期的建筑，修建时间只比太室石阙晚了五年（公元一二三年）。

嵩山中岳少室神道阙位于登封以西四十里，邢家铺西南外三里某处。各方面都和上述建筑一样，不过铭文残缺不全，年号不可辨认。就铭文的形式和工艺来判断，应该也是延光二年的建筑。

在史料中不乏与筑台祭神有关的记述。《汉书·郊祀志》称："王莽二年（公元九年）兴神仙事，以方士言，起八风台于宫中。"可见，高台由普通石料筑成，上面还耸立着其他种类的建筑，不过"八风台"是如何营造的，尚不得而知。《石索》曾提到一种带有"存当"字样的瓦当，兴许就是修筑八风台的材料之一。

道观，可以解释为道教的伽蓝。道教的本源是老子所提倡的哲学思想，后来被宗教化。为了与佛教一争高下，道教隆重推出了道观这种形式特殊的伽蓝，由此不难推断，道观真正得到发展应是晋代之后的事了。

相传，在东汉顺帝时期（公元一二五至一四四年年），张道陵开创了天师道，自称这是从太上老君那里获得的一门绝学。这大概是第一个将老子奉为祖师爷的宗教派别。后来，汉桓帝于宫中祭拜老子，这让道教得以发展壮大，并逐渐开始与佛教分庭对抗。尚未到汉代末年，祭神的祠庙就已遍地开花，更不用那些杂七杂八的不知所用的祠庙了，但在同一时期，道馆作为宗教建筑却还没有统一的规制，影响力也还不够大。

五、佛寺

佛教是在东汉明帝永平十年（公元六十七年）传入中国的，史料对那段历史的记述颇为详细，我们在这里暂且只画些重点来看：永平七年（公元六十四年），汉明帝梦见从西方世界飞来了些光芒万丈的人，于是便派遣蔡情、秦景、王遵等人出使西域。一行人来到了大月氏国，与天竺高僧摄摩腾、竺法兰相遇，便邀请高僧前往东土。摄摩腾带着佛经，身骑白马先行出发，在永平十年到达了洛阳，而后竺法兰接踵而至。竺法兰在洛阳雍门以西修建了一座名为"白马寺"的伽蓝。从此，两人便潜心在白马寺内翻译经书。于是，人们将白马寺视为中国的第一座佛寺，然而许多研究者均表示，那不过是后世之人的臆造，不足为信。

当然，若是参照历史文献的话，在摄摩腾、竺法兰东赴洛阳之前，佛教在中国已有流传了。汉明帝看到弟弟楚王刘英信奉佛教，便在永平八年（公元六十五年）将其所献的全部贡品予以归还，以此帮助"伊蒲塞桑门之馔"[1]；西汉哀帝元寿元年（公元前二年），大月氏国王使臣伊存口授了景宪《浮屠经》；汉武帝元狩年间（公

---

[1] 出自《后汉书》，伊蒲塞意为男居士，桑门意为高僧，助馔意为供养。

元前一二二年至前一一七年），征伐匈奴，其间遇到高僧，以礼相待，供养于甘泉宫内；秦始皇时代（公元前二十六年至前二一○年），室利防等十八位高僧带着佛经来到汉土，不料被视为异端而遭到囚禁。纵然这些记载真伪难辨，但不可否认的是，佛教的确在西域盛行已久，因此我们认为，佛教传入中国的时间至少可追溯至汉代初年。

尽管佛教传入的时间早于白马寺建成的时间，不过佛教建筑出现的时间却并没有因此而提前，所以白马寺可算作中国最古老的佛教伽蓝。

白马寺位于当时洛阳城以西，可参考《洛阳伽蓝记》中所记述的，洛阳城西阳门外三里的官道南边。古往今来，洛阳的地理位置多有变化，因而现在，白马寺在洛阳老城东郊。究其现状，可谓是一座规模较大的伽蓝建筑，不过建筑虽被保存了下来，各种文物却已遗失。

白马寺的原型尚无从考证，据日本工匠传说，它是以天竺的祇园精舍为蓝本的，而日本的四天王寺又是以白马寺为蓝本的。显然，这种观点毫无根据，纯属虚构。印度建筑和中国建筑有着本质区别，建筑风格也不尽相同。要说白马寺参考了印度建筑的风格，那么也只是参考了一部分而已，比如某些细节的处理，安置佛像的设施及装饰等。事实确实如此，六朝的遗址便是最好的证明。

就像我们在前文中所提到那样，中国建筑经历了一段特殊的发展时期，从而形成了一种特有的建筑形式；中华民族将本土建筑视为值得骄傲的杰作。在他们眼中，来自西域的佛教建筑毫无美观、高级可言，因此他们绝不会将其视为榜样，更不要说仿建了。这种情况并没有出现在日本。刚好相反，最初的时候，日本的佛教建筑全都是以中国佛教建筑为蓝本的。不难发现，东汉时期的佛教建筑和我们当下在中国所见到的普通佛寺大同小异，与宫殿、官衙之类的建筑也无太大差别。那时候，人们向西域学习的只是佛教的教义与仪式、如何安放佛像及庄严肃穆的宗教形式等，别无其他。这就好比，罗马在刚开始修建基督教教堂的时候，直接把教堂建成了古罗马巴西利卡式建筑，而在此之前，法庭也是采用的这种建筑形式；日本在修建佛寺之初，直接将苏我稻目[1]的府改成了寺庙。由此可见，在中国，佛教建筑一开始并非是为佛教量身定制的新型建筑，而是将既有的宫殿、官衙等建筑的形式照猫画虎般用了起来。

目前来看，有待商榷的是塔这种建筑形式。白马寺建成之初是否有塔这样的建筑，我们在史料中还没找到依据。如果有且用途是为了珍藏舍利的话，那么它一定是沿用的印度模式。因为在那之前，中国并没有出现过塔类建筑，所以人们不可能采用本土的塔类建筑形式来取而代之。换句话说，如果要建塔，那么就必须参照当时由西域传入的塔类建筑形式。

在中国，塔的最初形式如何，我们既找不到参考文献，也没有见到过相关的遗迹。我们只在六朝时期的石窟寺的雕刻艺术中看到过塔形图案。大致可推断，一开始的时候，塔分为三重、四重、五

---

[1] 日本古坟时代的大臣，钦明天皇的岳父，用明、崇峻、推古三位天皇的外祖父。

重，甚至更多重，塔身大多是四角形的，有少部分是多角形的，和现在我们在中国见到的一般的塔差不多。多重结构的中国塔和印度塔，或者说西域各地的古塔在风格上相去甚远，只有塔顶的法轮看上去有些许关联罢了。

　　如此，新的问题应运而生。如果说中国塔的形式一开始的确如六朝初期的石刻所展示出来的那样，那么这些塔究竟是印度的窣堵波[1]的变形，还是单纯的推陈出新呢？

　　中国塔是窣堵波的变形，这一说法的确是有历史依据的。中印度地区的窣堵波（如图2-22所示）在被传入大月氏国，也就是犍陀罗地区之后，不仅融入了泰西古典建筑形式，还受到了中国建筑形式的些许影响（如图2-23所示），例如东土耳其斯坦的窣堵波遗址的建筑风格就更接近中国建筑的风格。实际上，越往东走，窣堵波就越中国化，最终演变成了具有中国特色的佛塔（如图2-24所示）。

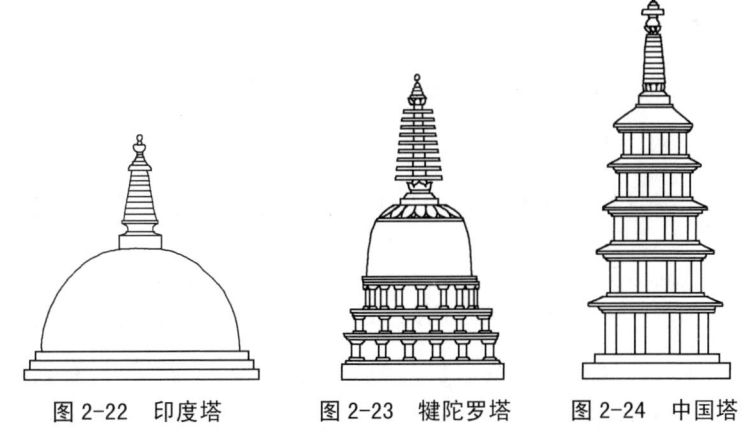

图2-22　印度塔　　　图2-23　犍陀罗塔　　　图2-24　中国塔

---

[1]　又称窣堵坡，意为坟冢，为埋藏或供奉佛舍利的建筑。

多重结构是中国塔的特性，而且每一重都必然会修建天顶。檐部向外伸出很远的塔大多是用木材搭建的，檐部较短则是用砖砌成的。每一层都建有房间，说明它不只是用来观赏的。关于这一点，在唐代就有人验证过。如此看来，中国塔是窣堵波的变形这一说法好像就不太站得住脚了，我们需要寻找下别的突破口。

要解释这个问题，就不得不提及楼阁起源说。我曾经尝试着提出过这样的看法：我们需要考量的是，在中国，从周代、秦代开始，楼阁这种建筑形式就变得越来越常见了，而且大多都有二三重。由此可见，中国在建造塔类建筑之初，不仅参考了窣堵波，还从本土的楼阁中看到了可取之处，而后将两者合二为一，打造出了中国的佛塔建筑。

白马寺建成之后，汉土与西域的交往日益频繁起来。汉桓帝建和元年（公元一四七年），安息国的高僧安世高来到了洛阳；汉同帝永康元年（公元一六七年），月氏国的高僧支娄加谶也来到了洛阳，诸如此类的从西域前往汉土的高僧越来越多了。毋庸置疑，他们将西域各地的佛教艺术带到了中国，也给中国的佛教建筑带来了巨大的影响。那时候西域地区的佛教艺术主要是希腊和印度的建筑艺术。于是这般，这些新鲜的艺术形式逐渐在中国的广袤土地上发展了起来。

从佛教传入中国，到三国时代结束，其间与佛寺建筑有关的文史资料不仅存量极少，而且散落各处。一番搜集之后，只看到以下资料：汉灵帝建宁三年（公元一七〇年）豫章修建了大安寺；汉献帝初平四年（公元一九三年）笮融在广陵修建了一座佛寺；汉同帝延康元年（公元二二〇年）武昌修建了昌乐寺……至于各佛寺的详细情况，史料中并没有记述。三国时代的情况是：吴国孙权黄龙元年（公元二一九年）武昌修建了慧宝寺；于嘉禾四年（公元二三五年）金陵修建了瑞相院；赤乌元年（公元二三八年）苏州修建了通玄寺；赤乌四年（公元二十一年）金陵修建了保宁寺；赤乌五年（公元二四二年）四明修建了德润寺；赤乌十三年（公元二五〇年）扬州修建了化城寺……这是修建于中部地区，尤其是长江以南地区的部分佛寺；修建于北方的佛寺恐怕也不会少。不过，在汉代，佛教及其建筑尚还处于萌芽阶段，要说巅峰时刻，那得待到两晋六朝了。

六、碑碣及砖瓦

对碑碣的考察，其实不应该独立于建筑之外，应该将其视为建筑的附属物。它不仅形式独特，而且对我们的研究很有帮助。因此，我们将在这里对它进行简单的讨论。

碑碣发源于何时何地，尚不可考。不过，人们通常认为它起源于周代。在周代的祭祀活动中，人们会在庙堂前立碑，然后将牲畜拴在上面；在举行葬礼时，为了将棺放入墓穴中，人们会在墓穴两边立碑，然后在碑的上部凿出圆形小洞，将木棒穿过圆洞，系上绳子，用来吊棺。

中国现存最古老的古碑为东汉时期的产物，下方筑有趺，也就是基台，上方立有平板状的碑体。碑体顶部被称作"圭首"，带尖，呈兜巾状；上部有圆洞，被称为"穿"。图 2-25 所示的现存于山

图 2-25　山东省济宁文庙的汉碑

图 2-26　山东省济宁文庙的汉碑

东济宁文庙的汉碑便是此种形式。如前文所述，穿就是用来拴住牲畜，或者支撑木棒以下棺的。图 2-26 所示的汉碑也来自济宁文庙，但其顶部已经变成了半圆形。这是碑的典型形式。

在另一些碑的实例中，我们会看到，沿着半圆形的外轮刻有晕，也就是垂虹形的覆轮；晕可以是单层的，也可以是多层的，可以左右对称，也可以偏向一侧。我们在山东曲阜所保存的文献资料中看到的汉故博陵太守孔彪碑（如图 2-27 所示），便是这种类型的代表。除此之外，还有很多造型不同的碑，我们在这里就不一一列举了。

通常，碑体正面都阴刻着铭文，并于上方篆刻有铭文的标题。后世的一些碑，无论是碑体背面，还是碑体侧面，也都刻有铭文。

六朝时期，碑的造型出现了变化；到了唐代，又一次出现了变化，此后便大致固定了。在后文的分章介绍中，我们对其演进过程进行说明。

汉碑的实例是相对较多的；在《寰宇访碑录》《金石萃编》之类的文献中，与汉碑有关的记载也不算少；实物也屡屡有些新的发现。要说最具代表性的，莫过于山东济宁的益州太守北海相景君碑（建于汉安二

图 2-27 山东省曲阜文庙的汉碑

年，也就是公元一四三年）、汉郎中郑固碑（建于延熹元年，也就是公元一五八年）、汉执金吾丞武荣之碑（建于建宁元年，也就是公元一六八年），这几座碑都是有圭首的。如图 2-26 所示，山东曲阜的博陵太守孔彪碑（建于建宁四年，也就是公元一七一年）顶部有正晕。山东曲阜的泰安都尉孔宙之碑（建于延熹七年，也就是公元一六四年）有三条偏晕。白石神君碑（建于光和六年，也就是公元一八三年）碑体表面的雕刻很是与众不同。在有的实例中，碑体表面会雕刻四神纹饰，也就是青龙、白虎、朱雀、玄武，也有的只会雕刻朱雀和玄武。此外，有些碑顶部的晕会逐渐变为龙形，譬如现存于四川的高颐的碑（如图 2-28 所示）。

接下来，我们将讨论下汉代的砖瓦。汉瓦的种类着实很多，我

图 2-28　四川省高颐的碑

图 2-29　汉白鹿观的瓦当文

们暂且略过。不过，存世最多的是刻有如下字样的瓦当：长乐未央、长乐万岁、长生无极、千秋万岁、长生未央、延寿万岁、永奉无疆、亿年无疆、延年益寿、宜富当贵等。此外还有的瓦当刻着万岁、上林、延年、甘林等。对于一些特殊的建筑而言，其瓦当上会刻有建筑名称。简单说来，自远古时代起，中国人就对文字抱有一种信念，因此我们在古代的瓦当上常常会看到文字纹，而动物纹和植物纹却很少见到。图 2-29 所示的瓦当来自汉代所建的白鹿观，上面刻着两只鹿，很是少见。

《石索》对此解释道："三辅黄图上林苑中二十一观，有白鹿观，疑即此观之瓦也，鹿甲天下所以表瑞。"

近来还出土了许多汉代的砖，其中有不少都刻有铭文。据《石索》记载，在砖上雕刻铭文的做法，可追溯至西汉元帝竟宁元年（公元前三十三年）。砖的种类也非常多，纹饰千变万化，很难在此详述。最有意思的当属由日本盛冈的太田孝次郎所收藏的四神砖（如图2-30 所示）。和它类似的砖，在《石索》中出现过一例（如图 2-31

所示）。图 2-32 所展示砖刻有几何纹饰，这样的砖颇为常见。在武氏祠石室的石画像中，楼阁顶部的砖是图 2-37 所示一类。我们将在下一节中加以说明。

七、建筑细部

通过前文，我们已经对各种汉代建筑有了大致了解，现在我们要在此基础之上，对汉代建筑细部的工艺做些研究。不过，能够提供细部详细信息的遗址少之又少，我们很难一击即中。抱着尝试的心态，我们研究了汉代石阙上残存可见的一些工艺，武氏祠、孝堂山祠及别处画像石中所能见到的建筑图样，以及带有建筑色彩的明器，希望能用比较考察的方式，总结出汉代建筑细部的主要工艺。

方便起见，我们先来了解下建筑各细部的情况，而后再做综合研究。

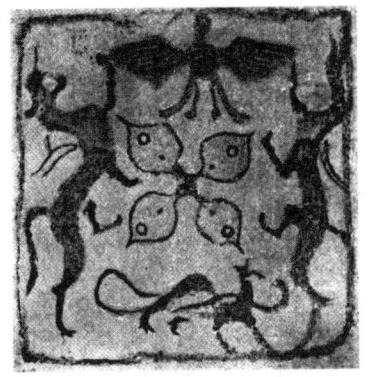

图 2-30　汉代砖上的四神纹

图 2-31　汉代砖一例

图 2-32　汉代砖一例

柱础

《石索》将柱础分为了两类（如图2-33所示）。第一类，如图1-38（1）所示，采用一整块天然石材，打磨柱底，略加修饰，多用于级别较高的建筑；第二类，如图2-33（2）所示，将础石上部和立柱底部切割成平面，再将两个平面接到一起，多用于级别较低的建筑。我们没有发现剞形础石或与之类似的础石。在日本，剞形础石的出现可追溯至奈良时代，所以我们推测，在中国，剞形础石大概会出现在六朝时期。

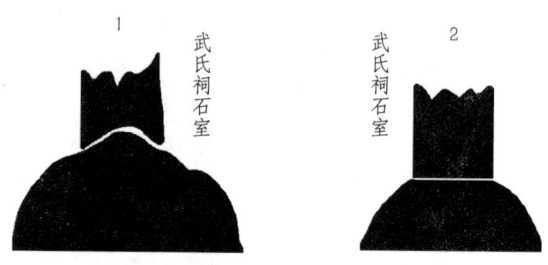

图 2-33　武氏祠画像石柱础

柱

柱在日语中读作"丸柱"，指的是圆柱。不过，我们在《石索》中见到的却是角柱，如图2-34（4）所示，这儿看来，角柱和圆柱应该是并存的。大型建筑通常会采用圆柱，就像我们在中国各地所看到的那样。柱体上下的尺寸都是一样的，垂线相互平行，可见汉代还没有引入凸肚式的柱子。

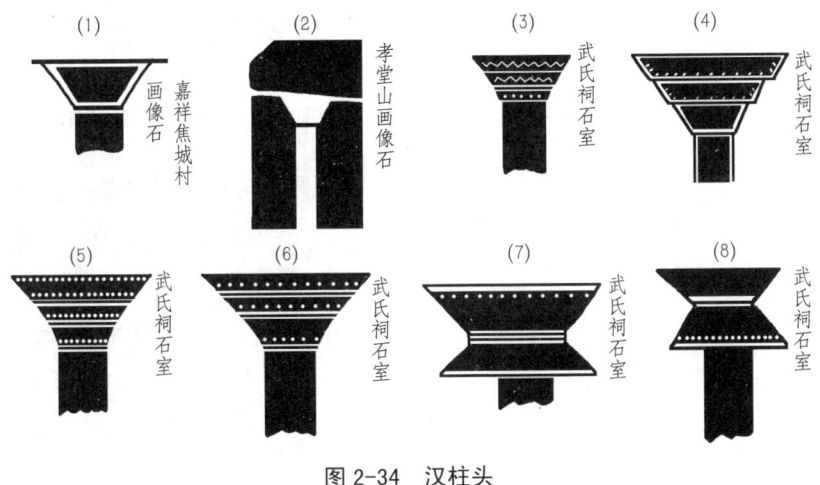

图 2-34 汉柱头

斗拱

如前文所述，从周代开始，人们便开始给建筑安装斗拱了；到了汉代，斗拱更是得到了普及，不仅如此，它还演化出了各种变形。图 2-35 所示的各种斗拱均出自《石索》。图 2-36、图 2-37 为特例。《石索》所记载的图样来自武氏祠、孝堂山祠、焦城村等处的石刻，其线条都非常僵硬，这不免会让我们觉得汉代的斗拱工艺并不太高。幸而我们还参考了四川的石阙（如图 2-35 所示），通过比较，我们对汉代斗拱有了新的解释。回到图 2-34，其中（1）和（2）可以解释为，柱顶装有大斗；（3）（4）（5）（6）则是大斗上装有拱，且这几个拱的装饰工艺略有差异；（7）（8）的形状和之前大有不同，不知道那样的鼓形意欲何为，据推测，下部为凸起的拱，上部为普通的拱。图 2-36 中的斗拱，已经有了十分鲜明的形象。图 2-37 中的斗拱和图 2-34（3）（6）大同小异，

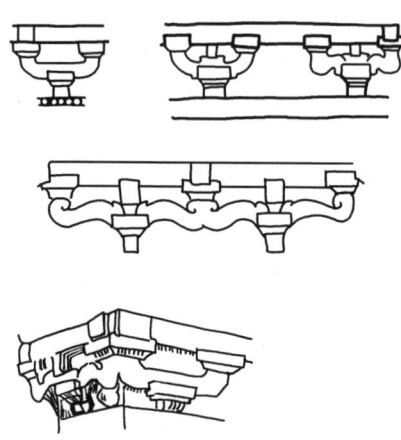

图 2-35 四川省石阙的斗拱

图 2-36 孝堂山画像石屋脊装饰

图 2-37 武氏祠画像石装饰

只不过在装饰上精致些。

四川的汉代石阙为我们的研究提供了有关汉代建筑特性的重要信息，为此，京都帝国大学滨田耕作博士在《中国学论丛书》上发表以"有关法隆寺的建筑形式与中国汉代六朝的建筑形式"为题的论文。《中国学论丛书》是为了恭贺内藤博士迈入花甲之年所刊发的出版物，其中第五章题为"汉代至六朝唐代的斗拱变化"，对四川的石阙做了详细阐述。图2-35其实是《中国学论丛书》中的插图，（1）是比较少见的一斗二升斗拱，拱上绘有纹饰；（2）也是一斗二升斗拱，左侧一例的拱弧度较（1）更大，所绘纹饰显而易见，右侧一例的拱呈S形，线条遒劲；（3）为连续二斗，斗拱呈走势缓慢的S形，末尾处呈涡形。这些斗拱与日本法隆寺的插拱颇有些渊源，这样的想法绝不是空口无凭的，滨田耕作在论文中强调，尤摩·弗普罗斯（音）所收藏的汉代明器（望楼）的斗拱，几乎和法隆寺的插拱一模一样；（4）隅角处的工艺十分特别，与（1）中的工艺，以及（2）的右侧一例的工艺，应该是有联系的。除此之外，还有很多有意思的实例，因为未见实物，所以我们很难做出准确的描述。不管怎样，汉代斗拱的发展都是超乎我们想象的，希望日后的新发现能帮助我们再多掀开一些汉代建筑的面纱。

屋檐

在阙上，檐表现为"椽"，或者"扇椽"。在圆檩条以下的小壁上常常刻有图案，要么是神兽，要么是人像。雕刻最常出现在阙柱正上方的斗拱之间，柱体表面有时候也会刻有四神纹饰。在我们的印象中，中国建筑的屋檐总是向外伸出，向上翘起，但实际上，刻有画像石的汉代屋檐却是平直的。就观察来看，汉代明器上所刻绘的住宅的屋檐也都是平直的。由此可见，在汉代，不管是宫殿还是一般住宅，其屋檐都不会向上翘起；就算偶尔有建筑这么做，其上翘的弧度也很不明显。

屋顶

在各处遗址的汉代画像石中，建筑的屋顶基本上采用的都是庑殿顶，级别较低的建筑有时会采用悬山顶，不过尚未出现采用歇山顶的例子。当然，我们并不能就此认为，当时没有歇山顶建筑。

屋顶轮廓大致呈直线形，就算偶尔有弯曲的地方，其弧度也很小。

用来搭建屋顶的材料自然是瓦和砖。有些屋顶只用瓦，也就是大式瓦作，顶面为盖瓦与仰瓦混用，屋檐处交替排列着勾头、花边瓦或滴水瓦。砖瓦混用的屋顶可参见图 2-37（5）与（6），以及图 2-36。图 2-38 中的屋顶似乎是完全用砖砌成的。屋脊处会根据功能的不同而采用不同的瓦，两个端角均放置着蚩吻，如图 2-37（6）和（7），以及图 2-36 所示。在传说中，龙生有九子，蚩吻便是其一，因为天生好水，所以被人们放到了屋顶上用以避火。有人认为这个传统源自西汉武帝筑柏梁台，但空口无凭，不足为信，实际上，自周代起，人们就开始用蚩吻来做屋顶装饰了。《石索》称蚩吻的造型似乎并非演化自动物造型，关于这一点，实难验证。现存的汉代屋顶，其坡面通常都较为平缓，坡度大多为四五寸的样子，不过

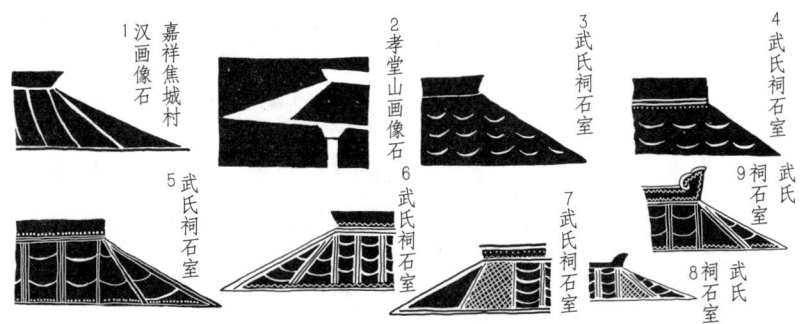

图 2-38　汉屋瓦

我们很难就此认定这便是确凿的事实。再来看明器中所出现住宅，其屋顶坡度通常也只有四五寸，由此便不难判定，汉代建筑的屋顶的确是这样的。

至于屋脊上的装饰物，可参见图 2-36 和图 2-38，大多为神兽、神鸟一类，出处不详。

人像柱

在西亚建筑中，很早便出现了以男女人像为柱体的工艺，最为典型的代表就是希腊建筑[1]，而在武氏祠的石画像中，我们也看到了相同的形式，这的确很耐人寻味。如图 2-37 所示，一个立柱的柱体是女人，以头、手为支撑；另一个立柱的柱体是个奇怪的人形，以双手为支撑。这类奇特的人像柱通常是成对出现的；有的人形会呈倒立状，以脚为支撑，让人看得心惊胆战又匪夷所思。

---

[1]　西亚地区深受希腊文化的影响。

栏杆

栏杆的图例为图 2-36 与图 2-39。图 2-39 展示的是普通栏杆，十分简单，无须多言。前文中图 2-36 所示的栏杆则精致了许多。

上文仅作概述，细微之处未能详述。有关细部工艺的最佳实例莫过于四川的汉阙，有关画像石的最佳代表当属武氏祠石室内的画像石（如图 2-38 所示）。关于武氏祠石室内的画像石，《石索》有文如下：

此通三四层为一事，在第三石之末，虽无标题，状在前二段秦事之后，其楼阁工丽，人物精严，疑当日阿房宫之制。所谓五步一楼十步一阁者，否亦君侯宅第也。画楼重栭，上缀鸟兽，屋瓦鳞次，镂柱，楼有四阿，左右有罘罳，各碉刻石人，相承为柱，两柱左右，夹辅相望，阁道相属。……

是否妥当讲得在不在理，我们暂且不予置评。纵然画像石中的建筑无法与阿房宫的五步一楼，十步一阁相提并论，但的确也体现

图 2-39　武氏祠画像石栏杆

出了秦汉时代对建筑的那份至善至美的理想化状态，也足以证明，上文所述汉代宫殿的壮丽华美并非虚言。

八、纹饰

相较于周代，汉代的装饰进步明显。周代纹饰简单质朴、稳重大方，显得特别有气势，但不够秀美顺畅。汉代纹饰没有沿袭周代的沉稳姿态，而是流畅通达起来，同时又保留着质朴之气，所以总体上看来依然是雄伟刚健的。这的确令人侧目。

汉代纹饰常见于金石及工艺品中。金石类包括镜类等金器，玉类等石器，画像石等石器，以及砖瓦等。工艺品则可参见位于朝鲜平壤南郊的汉代乐浪郡遗址所出土的各类家用器具。这些文物让我们领略到了汉代工艺的先进水平，可惜我们不得不将对它们的介绍留待他日。

我们对用在建筑上的纹饰了解得很少，现在能看到的建筑纹饰大多都雕刻在瓦当上，对此前文已做过介绍，在这里便不做赘述了。至于室内的装饰色彩和纹饰，在已发掘的遗址里尚未找到相关线索。

不妨来研究下周代纹饰和汉代纹饰在性质上的不同。在周代纹饰上，动物纹出现过好几种，不过都不是写实的，所以很难找出其参照的实物；到了汉代，纹饰工艺愈加趋于写实，譬如铜镜、墓石上所雕刻的四神纹饰，虽然造型简单，但一目了然，可谓形神兼备。在周代，龙纹尚未出现；在汉代，则出现了类似龙的兽纹。在周代，草花纹之类的植物纹几乎不曾有；在汉代，植物纹并不鲜见。在周代，几何纹、雪纹等纹饰都已出现，不过线条僵硬，气质呆板，所以总让人觉得沉重；到了汉代，线条逐渐灵动起来，于是沉重感被冲破，轻柔感随之而来。从纹饰的演变不难推断出建筑形式的演变，显然，相较于周代，汉代建筑变得更加丰富且华丽了。

第三章　后期

六朝

一、概述

汉代的统治结束于汉献帝建安二十五年（公元二二〇年）。魏国篡权成功之后的第二年，蜀国刘备打着继承汉统的旗号称帝（公元二二一年），而后吴国孙权亦在江东称了帝，于是，三国鼎立的时代开始了。没过多久，魏国被晋国取代，蜀国和吴国也陆续被灭，天下似乎要重归一统。然而天不遂人愿，北方游牧民族趁中原动乱之际，大举进犯黄河流域，并战胜了晋。于是，晋的皇族被迫在建康（今江苏南京）另设国都，暂时放弃了长江以北地区，任由北方各民族在那儿抢地盘，史称东晋。北方各民族相继建立了国家，你争我夺长达一百四十年之久。这便是中国历史上的十六国时期，也是纷乱而不可收拾的乱世。在南方，宋、齐、梁、陈代代相传，从整体上保持着六朝的格局；在北方，魏（亦称后魏、北魏）终于统一了各北方民族，后来魏又分裂为东西两个国家，东魏后为北齐取代，西魏后为北周取代。北方民族这一时期的统治被称为北朝，南方汉族的统治被称为南朝。再后来，隋统一了南北朝。不久后，唐又灭掉了隋，那一年是公元六一八年。

在中国历史上，六朝（公元二二一年至六一八年）是以定都建康为依据的，分别为吴、东晋、宋、齐、梁、陈这六个南方政权。西晋的国都在北方，因此不在六朝之列。不过，倘若以艺术发展为标准的话，这样的划分就不太合理了。魏、蜀、吴均建立自汉代末年，因此可以说，西晋引领了六朝的文化艺术发展，可见六朝包含了吴，却没有包含西晋，确实有些不妥。不如把吴去掉，将隋纳入，以晋、宋、齐、梁、陈、隋为六朝，或许更合理些。当代的许多艺术史学家都持有这种观点，本书暂且也采用这样的划分方法。

从汉灭亡（公元二二一年）直至晋国建立（公元二六五年），三国时代历时四十四年。这一段介于汉代与六朝之间的时期，一直被人们称为汉魏时期或六朝时期，不过大多数时候都被称作汉魏时期。本书前文在讨论汉代建筑的时候，曾涉及这一时期的佛寺建筑，为了避免混淆，我们在此姑且将六朝时期划定为：自汉代灭亡，至隋代灭亡。

从汉退出历史舞台，到唐粉墨登场，历时四百年左右。在此期间，历史沿革颇为混乱，其繁杂程度可以说是史无前例。想要对这一时期的建筑进行研究，就得先弄明白各个地区的建筑与历史之间的关系，然而这无疑是一个艰巨的工程。为了稍稍减少一些阻碍，我们需要列一张十六国与南北朝历史沿革表。

	国名	民族	始祖	国都	年代
五胡十六国	前赵（汉）	匈奴	刘渊	平阳、长安	304—329
	后赵（魏）	羯	石勒	襄国、邺	318—351
	成（汉）	氐	李雄	成都	304—347
	前凉	汉	张轨	姑臧（今甘肃武威）	302—367
	前燕	鲜卑	慕容皝	蓟、邺	337—370
	前秦	氐	苻洪	长安	351—394
	后凉	氐	吕光	姑臧	386—403
	后燕	鲜卑	慕容垂	中山（今河北定州）、龙城（今辽宁朝阳）	383—408
	南燕	鲜卑	慕容德	广固（今山东青州）	398—410
	南凉	鲜卑	秃发乌孤	西平（今青海西宁）	397—414
	后秦	羌	姚苌	长安	384—417
	西凉	汉	李暠	敦煌	400—421
	西秦	鲜卑	乞伏国仁	苑川（今甘肃兰州西固）	385—431
	夏	匈奴	赫连勃勃	统万（今陕西榆林）	407—431
	北燕	汉	冯跋	龙城	409—435
	北凉	匈奴	沮渠蒙逊	张掖、姑臧	402—439

此外还有西燕和北魏，但西燕仅十一年，而北魏后来成为北朝，故此处一般不记。

	国名	民族	始祖	国都	年代
北朝	魏	鲜卑	拓跋珪	平城、洛阳	386—534
	东魏	鲜卑	元善见	邺	534—549
	西魏	鲜卑	元宝炬	长安	535—556
	北齐	渤海	高洋	邺	550—577
	北周	鲜卑	宇文觉	长安	575—581
	西晋	汉	司马炎	洛阳	265—316

	国名	民族	始祖	国都	年代
南朝	东晋	汉	琅琊王睿	建康	317—420
	宋	汉	刘裕	建康	420—478
	齐	汉	萧道成	建康	479—501
	梁	汉	萧衍	建康	502—556
	陈	汉	陈霸光	建康	557—588
	隋	汉	杨坚	长安、洛阳	589—619

这的确是个混乱不堪的时代，但它在文化艺术方面的成就却又熠熠生辉，不可忽视。相较于周代，六朝时期的文化艺术发生了根本性的变化，这主要是因为西域文化的涌入。最为明显的一点是，佛教在中国得到了普及，并带动了印度佛教建筑艺术的飞跃发展。当然，本土文化并没有就此消失，而是在周代文化和汉代文化的基础上，与印度文化、西域文化等交相融合了。随之而来的是，在建筑的许多维度上，人们开始尝试新的形式与工艺。现存的六朝建筑绝大多数都与佛教有关，不过也有一些诸如宫殿、陵墓、道观等其他种类的重要建筑。接下来，我们就一一略作介绍。

二、宫城

目前，我还不是很清楚五胡十六国的国都及南北朝的国都是何种规模，规制又如何，不过，我正在研究与之类似的长安、洛阳等城市的历史沿革，倘若有了结果，那么对上述问题的回答可能会更详尽些。北魏由拓跋氏所建，旧都在今山西大同的南郊，在遗址中尚能看到一些断垣残壁，所以我们还能做一些相对比较全面的考察；新都在洛阳，相关情况可参见《洛阳伽蓝记》，不过城市规模如何文中并没有详细介绍。极短的时间，再加上极频繁的政权交替，当年那个洛阳城早已灰飞烟灭，想要知道它的原貌，恐怕难如登天。

建康，也就是现在的南京，一直是南朝历代政权的国都。尽管各代政权多少都会对国都的具体位置做些调整，而且城市规模也不尽相同，不过据说都未超出南京的行政管辖范围。若真如此，不难想见，南朝各朝的国都在规模上都不会太大。在这个方向上的研究目前已有了进展，对集中于南京的古都遗址所做的研究在一定程度上也算有了结果。无奈我还没有亲历过现场，当下也尚有些许不便。

就像我说的，我目前还没有对六朝的国都规模与宫殿建筑做过实地考察，只是从《大业杂记》中了解到了一些与隋代东都洛阳及其宫殿城池有关的信息。《大业杂记》出自南宋刘义庆之手[1]，里面所记录的信息是否真实，值得考量。尽管如此，为了对六朝国都及其宫殿的建筑规制做出说明，我在这里仍然将引用一部分《大业杂记》的内容。

　　东都大城，周回七十三里一百五十步，西拒王城，东越瀍涧，南跨洛川，北逾谷水，城东西五里二百步，南北七里，城南东西各两重，北三重，南临洛水，开大道，对端门街一名天津街，阔一百步，道旁植樱桃石榴……

---

[1] 原著写作南宋，实为南朝宋；关于《大业杂记》的作者，还有唐代杜宝撰一说。

这段话对当时东都洛阳的城市规划做了详尽的描述。我们据此足可以大致画出一张平面图来，我饶有兴趣地尝试了一下，遗憾的是还没有完成。

位于东都洛阳正中央的是乾阳殿。它是国都内最为宏伟的建筑，基台高度为九尺，自底部至鸱尾处的高度为一百七十尺，"又十三间，二十九架，三陛轩"，这个规模甚至比北京故宫太和殿还要大出许多。东西有东上阁、西上阁，南面建有乾阳门，北面建有大业门，再往北一点建有大业殿。大业殿虽然没有乾阳殿那么宏大，但它的雕刻工艺却远在乾阳殿之上，当属国都内最精致的建筑。在乾阳殿以东，建有文成殿，其南门为东华门；在乾阳殿以西，建有武安殿，其南门为西华门。乾阳门以南建有永泰门，再往南还建有则天门，门外东西方向上建有朝集堂，再往南建有端门，也就是宫城的正门。端门以南有一条黄道渠，其上建有三座黄道桥。黄道渠的南边是洛水，其上有天津浮桥。天津浮桥的长度为一百三十步，南北两端各耸立着两座重楼，高度都在一百尺上下。桥的南边建有重津桥，往外再走上一百来步可见一座大堤，大堤的南边是天津街，走到尽头便是罗城门，同样也是国都的正门。罗城门以南二里的地方有一条甘泉渠，洛水由此处被导入伊水，渠上建有通仙桥，南北两端均立有华表，长度为四丈，高度为一百尺上下。从这里往南走，可以到达龙门，自端门到龙门，距离为二十里。

虽然这里所记述只是位于国都南北中轴线上的各种建筑，但我们很容易想象出当时国都的非凡建设，至少与秦汉时期的国都不相上下。只可惜我们很难在史料中找到与建筑工艺和装修装饰有关的细节信息。

隋代的江都，也就是今江苏扬州。为了将黄河与长江连通起来，隋炀帝主持修筑了大运河，并在大运河竣工的同时，在其附近修建了江都。时至今日，扬州依然古香古色，而我们从《大业杂记》中也能看到相关简介。除此之外，这本书还对散落在各地的其他都城及其宫殿建筑进行了描述，当然，我们现在这里进行全面的探讨实在很困难。总而言之，隋代取代了南北朝，光复了一个大帝国。隋炀帝不仅天生傲慢成性，而且偏好土木工程，这使得隋代建筑多有成就。建筑的形式与工艺依然秉承着原有的传统，就算融入了许多西方建筑及印度建筑的风格，其改变也是微乎其微的。

三、佛寺

概述

东汉明帝时期，佛教传入了中国，而后自六朝时期起，发展得越来越好。这是目前较为普遍的看法。不过，其实在三国时代就有高僧来到中国，例如月氏国高僧支谶、支亮、支谦等人来到了魏国，在当地传教，而且备受人们的推崇。北方民族涉足黄河流域之时，越来越多的佛教徒借机从西域来到中国，并且逐渐延伸至南方，大有要将中国打造为佛教大国的气势。此时高僧有来自月氏国的竺法护，还有来自西天竺的佛图澄。佛图澄的弟子道安深受前秦苻坚的推崇，成为佛教在中国北方的开拓者，并因此而名扬四海。

东晋时期，道安的弟子慧远结缘庐山，为佛教在南方的发展打下了根基。与此同时，龟兹国高僧鸠摩罗什跟随秦将吕光去了后梁，而后又跟着后秦姚兴去了长安。他尽心竭力地传播着佛教，为佛教事业做出了伟大的贡献。当然，也有很多中国高僧前往了天竺，最为人所熟知的自然是法显。他依照亲身经历写就的《佛国记》是极为珍贵的佛学史料。

在南北朝时期，中国与西域之间的交往越来越多，往来如织。有人自波斯、安息远道而来，也有人来自嚈哒、罽宾、五天竺、狮子国，以及扶南、林邑等地区。那时候的佛教国家都和中国有了往来，与佛教有关的事物统统在中国发展了起来。外来高僧中最赫赫有名的当属来自罽宾的求那跋摩、南天竺的菩提达摩等人；而从中国到西域学习佛学的高僧中，最为人熟知的则是智猛、昙纂等一行，昙无竭一行，以及惠生、宋云等一行。

在这种情况下，佛寺等建筑在中国越来越流行，当然，这是意料之中的事。北方以洛阳、长安为中心，南方以金陵（即建康）、庐山为发展中心；此外，中国各地还有许多城市也逐渐成为某个区域内的中心。关于洛阳佛寺的繁盛程度，在《洛阳伽蓝记》中不难窥见；而金陵的壮观程度，在《金陵梵刹志》中也能得见一斑。后来，因为发生了"三武一宗"事件，佛教一度备受打击，各地的佛寺陆续被毁，不过并没有对其发展造成太大的影响，毕竟那是大势所趋，实难抵挡。

我以前依照《佛教大年表》（望月信亨著）将彼时与佛教及佛寺有关的重要事件做了整理，如今放进本书中，以便给大家做参考。

对于《佛教大年表》所记录的诸多事项，我尚还存疑，觉得有很多疏漏之处，于是便做了些考察和补充。不过在这里，我们暂时不考虑补充的内容，先来对大年表的内容做些了解。为了让大年表看起来明晰一些，我将所有事项划分为三项：第一，西域来客；第二，西行求法；第三，建寺年表。下列表格中所记录的各项事件足以让我们了解六朝时期的佛寺建筑历史发展脉络，并为我们解析当时的建筑工艺提供了相当重要的信息。

（一）西域来客　自吴初到隋末

年代	国名	人名	事迹
224	印度	维祇难	与竺律炎同至武昌
247	印度	康僧会	至建业
250	中印度	昙柯迦罗	至洛阳
252	中印度	康僧铠	至洛阳
254	安息	僧昙谛	至洛阳
256	西域	支疆梁接	在交州译经
259	西域	白延	至洛阳
265	敦煌	竺护法	至长安
268	？	竺法崇	在湘州麓山建寺
286	于阗	祇多罗	至长安
288	？	诃罗竭	入洛阳
289	安息	安法钦	至洛阳
291	于阗	无罗叉	在陈留译经
310	西域	佛图澄	至洛阳
312	西域	帛尸黎密多罗	至建康
312	西域	智山	至建康
326	天竺	竺慧理	至钱塘建灵隐寺
343	？	竺法慧	入襄阳羊叔子寺
373	月支	支施仑	在凉州译经

续表

年代	国名	人名	事迹
383	罽宾	僧伽跋澄	至长安
385	龟兹	鸠摩罗什	随秦将吕光至凉州
392	西域	伽留陀迦	入晋
397	？	僧伽提婆	入建康
401	龟兹	鸠摩罗什	至长安
401	罽宾	昙摩耶舍	至广州住白沙寺
404	罽宾	弗若多罗	至长安译经
405	？	昙摩流支	至长安
406	锡兰		将白玉佛塔献于晋
406	罽宾	卑摩罗叉	至长安
408	迦毗罗卫	佛驮跋陀罗	至长安
412	中印度	昙无谶	至姑臧
421	林邑国	范阳迈王	贡于宋
424	罽宾	昙摩密多	入蜀寻至建康
424	西域	畺良耶舍	至建康
428	迦毗利	月爱王	遣使将金刚指环、摩勒金环及红白鹦鹉各一只献于宋
428	锡兰	摩诃那摩王	摹小乘经献于宋
429	锡兰		尼众至建康
431	罽宾	求那跋摩	至建康
433	印度	僧伽跋摩	至建康
433	锡兰	尼铁萨罗	至建康
434	扶南	持黎跋摩王	遣使贡于宋
435	中印度	求那跋陀罗	至广州
435	锡兰		王遣使贡于宋
441	苏摩黎	那邻那罗跋摩王	遣使贡于宋
455	斤陀利	释婆罗那邻陀王	遣长史竺留陀及多贡于宋
455	狮子国	邪奢遗多、浮陀难提	至洛阳
462	西域	功德直	至荆州入禅房寺
465	疏勒		遣使将佛袈裟献于宋
466	印度	迦毗梨国王	遣竺扶大、竺阿珍等贡于宋

年代	国名	人名	事迹
473	婆黎		遣使贡于宋
479	中印度	求那毗地	至建康
502	印度	屈多王	遣竺罗达将琉璃唾壶等献于梁
502	干陀利		遣使将画工及玉盘献于梁
503	南天竺		遣使将辟支佛牙献于魏
503	扶南国	曼陀罗仙	至扬都献珊瑚佛像
506	扶南国	僧伽婆罗	在扬州译经
508	中印度	勒那摩提	至洛阳
508	北印度	菩提留支	至洛阳
510	于阗		国王遣使贡于梁
519	扶南		国王将佛教佛像等献于梁
520	印度	菩提达摩	至广州
521	龟兹	尼瑞摩珠那胜王	遣使贡于梁
530	丹丹国		将象牙及塔献于梁
530	波斯		将佛牙献于梁
534	盘盘国、菩提国		遣使将真舍利画塔等献于梁
541	于阗		遣使将刻玉佛像献于梁
546	嚈哒		遣使贡于魏
546	葛盘陀	葛沙王	遣使贡于梁
556	乌长国	那连提黎耶舍	至邺都
558	波头摩、摩伽陀	攘那跋陀罗、阇那耶舍	在长安译经
559	嚈哒		遣使贡于周
560	犍陀罗	阇那崛多	至长安
561	龟兹		遣使贡于周
565	优禅尼	月婆首那	至匡岭
567	安息		遣使贡于周
590	南印度、罗啰国	达摩笈多	至长安
609	安息		国王遣使贡于隋
617	龟兹	白苏尼咥王	遣使贡于隋
617	漕国	顺达王	遣使贡于隋

（二）西域求法　自魏至北齐

年代	目的地	人名	事迹
260	于阗	朱子行（魏）	求梵本
342	月支	僧建（晋僧）	得僧祇尼羯磨及戒本
379	拘夷	僧纯（晋僧）	从佛图舌弥受比丘尼大戒等
382	龟兹及焉耆等	吕光（秦将）	率车师王等讨伐
385			（吕光平定西域携鸠摩罗什归凉州）
392	西域	支法领	
395	印度	昙猛（后燕）	至王舍城
397	南印度	慧（晋僧）	自蜀之西界入
397	西域	宝云、智严等（晋僧）	
399	印度	法显（晋僧）	与慧景、道整、慧应、慧嵬等赴天竺
404	印度	智猛、昙纂等（后秦）	一行十五人赴印度
413			法显归青州
420	印度	昙无竭（宋僧）	僧猛、昙朗、志定等二十五人经河南国至高昌国由北道入印度
422			（智猛等自印度归凉州）
424	阇婆		宋帝遣使迎求那跋摩
427	西域	道泰（北京）	当年归梁
427	于阗	安阳侯京声（北凉）	至衢摩帝寺
451	印度	道乐（魏僧）	经疏勒道入印度
453			（昙无竭自印度返扬州）
475	于阗	法献（宋）	出金陵经芮芮国至于阗
477			（法献欲度葱岭不果归齐）
502	印度	郝骞（梁）	出建康
511			（郝骞等返扬都）
518	印度	慧生、宋云（魏）	出洛阳
521			（宋元、慧生返洛阳）
539	扶南	云宝	奉梁命迎佛发
540	扶南		梁赠释迦佛像及经疏
541	宕昌、蠕蠕		梁帝赠涅槃经疏
560	西域	道判（北齐）	一行二十一人启程
576	西域	宝暹	道遂、僧昙、智周、僧威、法宝、智照、僧律等十一人出发

（三）建寺年表　自吴初至隋末

地名	寺名	年代
武昌	建慧宝寺	229
金陵	建瑞相寺	235
苏州	建通玄寺	238
金陵	建保宁寺	241
四明	建德润寺	243
建业	建建初寺	247
扬州	建化城寺	250
明州鄞县	建阿育王塔	281
金陵	建甘露寺	312
苏州	通玄寺迎维卫迦叶二石像	313
长沙	建莲华寺	314
建康	建禅林寺	316
建康	建白马寺	319
于阗国	建王新寺	321
武昌	寒溪寺迎广州海上所得之文殊金像	325
会稽	建崇化寺	330
建康	长干寺迎于张侯桥所得之金像	334
建康	建灵曜寺	336
庐山	建归宗寺	340
建康	建延兴寺	344
剡州	建石城山隐岳寺	345
荆州	建长沙寺	346
金陵	建庄严寺	348
定阴里	建永安寺	354
金陵	建瓦官寺	364
建康	建安乐寺	365
洛阳	于东寺讲法华、维摩	368
平江	建虎丘山寺	368
建康	建建福寺	369
金陵	建长干寺三级塔	372
建康	建新林寺	372

地名	寺名	年代
襄阳	建檀溪寺	373
襄阳	改檀溪寺为金像寺	375
金陵	长干寺惠达于地下得阿育王塔	375
庐山	慧永建西林寺	736
武陵	建平山寺	376
建业	绍灵寺慧护铸丈六金铜释迦像	377
越州	建嘉祥寺	378
长安	建安住五级寺	379
建康	建新亭寺	380
会稽	建简静寺	385
庐山	建东林寺	386
金陵	重修瑞相院	388
金陵	长干寺旧塔之西建三层塔	391
金陵	瓦官寺火灾	396
南燕	建神通寺	396
洛阳	建五级塔、耆阇崛山及须弥山殿、讲堂禅堂	398
明州鄞县	建阿育王塔塔亭	405
余杭	建法华寺	417
建康	建崇明寺	418
钟山	重修延贤寺	418
苏州	建净寿院	418
建康	建祇园寺	420
？	建石壁山招提寺	420
钟山	建灵味寺	422
青州	建景福寺	422
金陵	建治平寺	423
	（魏改称寺为招提）	424
建康	建东青园寺	426
金陵	建能仁寺	429
建康	建王园寺	430
建康	建南涧寺	430
建康	建南林寺戒坛	434

地名	寺名	年代
钟山	建定林上寺	435
广陵	建菩提寺	438
庐山	建招隐寺	438
建康	增建东青园寺	438
广陵	建南永安寺	441
建康	王园寺被毁	444
广陵	南永安寺建外国佛塔	445
	（魏诏诸州坑沙门毁佛像）	446
邺城	五层塔为魏所毁	446
会稽	建龙华寺	447
	（魏复兴佛教）	452
建康	建兴福寺	453
建康	建禅灵寺	453
武州西山	魏开石窟五殿、镌佛像、建灵岩寺	454
丹阳	改中兴寺为天安寺	459
钟山	建药王寺	463
永兴	建柏林寺	464
金陵	建谢镇西寺	464
建康	建幽栖寺	464
建康	建兴皇寺	465
恒安北台	魏建永宁寺七级塔高三百余尺	467
建康	建湘宫寺	468
建康	建正胜寺	470
洛阳	建鹿野佛塔	471
金陵	建延祥寺	471
建康	建弘普中寺	472
？	宋建闲居寺	474
洛阳	建建明寺（当时魏北台有寺百余，僧尼二千余，四方诸寺六千四百七十八，僧尼七万七千三百五十）	476
方山	建思远寺	477
秣陵	建白塔寺	478
广阳	建齐国寺	479

地名	寺名	年代
洛阳	建报德寺	480
盐官	建齐明寺	482
建康	建法音寺	480
陈留	建齐兴寺	487
摄山	建栖霞寺	488
建康	建枳园寺	488
建康	建慧光寺	488
齐	张欣泰陈言二十条主张废毁寺塔	490
秣陵	建安国寺	491
建康	建济隆寺	494
嵩山	建少林寺	496
邺	建安养寺度僧尼一万四千人	499
洛南伊阙	开石窟二处镌佛像，二十四年完成	500
扬州	建光宅寺	502
洛阳	建景明寺	503
金陵	建净居寺	506
建康	建慧光寺	507
建康	建小庄严寺	507
洛阳	建正始寺	507
扬州	建光宅寺塔	507
洛阳	建永明寺	509
金陵	建本业寺	510
钟山	建大爱敬寺	512
	当时魏有一万二千七百二十七寺	513
钟山	建开善寺	514
洛阳	建永宁寺九层塔，高四十余丈	516
三茅山	建菩提白塔	516
金陵	建佛窟寺	519
金陵	建圣游寺	519
金陵	建法清院	519
金陵	建永庆寺	519
金陵	建鹫峰寺	519

续表

地名	寺名	年代
秣陵	建法云寺	519
金陵	建安国院	520
邺都	建大觉寺	521
明州	于鄞县阿育王塔古迹建木浮屠，号阿育王寺	522
伊阙	佛龛建成	523
秣陵	建南冥真寺	524
洛阳	建景明寺七层塔	524
洛阳	永宁寺宝瓶被大风吹落，新铸之	526
梁	同泰寺建成	527
洛阳	建追光寺	528
	魏帝造五精舍及石像一万	530
洛阳	建建中寺	531
扬都	建本生寺	532
长安	建陟岵寺	532
洛阳	平等寺五层塔建成	533
洛阳	永宁寺九层塔起火，三月不灭	534
长安	建般若寺	535
金陵	改修长干寺阿育王塔	537
邺都	建天平寺	540
明州	改建阿育王寺塔	544
金陵	重建旷野寺	546
建康	建同泰寺十二层塔	546
建康	建天宫寺	549
句容	重修永定寺	549
北齐	建报德寺	551
龙山	建云门寺	552
洛阳	建建国寺	555
北齐	建大庄严寺	558
扬州	建东安寺	558
凉州	建瑞像寺	561
荆州	长沙寺火灾	562
静陵	建大明寺	562

地名	寺名	年代
并州	建大基圣寺、大嵩高寺	569
金陵	谢镇西寺火灾	570
金陵	重修谢镇西寺改称兴严寺	573
邺都	重修白马寺塔	576
北齐	建大宝林寺	577
晋阳	凿西山大佛像	577
北周克齐，毁齐境内之佛寺经像，使僧尼三百余万还俗		578
长安、洛阳	各建陟岵大寺（北周）	579
鄜州	建大像寺	579
江都	建永乐寺	580
五岳	隋赦令各置佛寺一所	581
襄阳	隋郡江陵晋阳各置佛寺一所（隋）	581
并州	建武德寺	581
长安	改陟岵寺为大兴善寺	582
	隋复兴天下之佛寺	583
定州	建恒岳寺	583
长安	建灵感寺	583
长安	建清禅寺	583
长安	建大云经寺	584
长安	改延众寺为延兴寺	584
长安	改建德寺为大兴国寺	584
长安	建宣化尼寺	585
兖州	改广济寺为法集寺	585
长安	建纪国寺	586
终南山	建龙池寺	587
长安	建净影寺	587
兖州	建净行寺	588
?	建法明尼寺	588
鄜州	改大像寺为显济寺	589
循州	平等寺火灾	592
荆州	建玉泉寺	593
扬州	建长乐寺五层塔	593

地名	寺名	年代
长安	清禅寺十一级塔建成	594
杭州	建天竺寺	595
荆州	建长沙寺正北大殿	595
天台山	建国清寺	598
	雍、岐、径、秦等三十州建舍利塔	601
长安	建仁觉寺	601
	恒、泉、循、营等五十三州建舍利塔	602
长安	建禅安寺	603
	博、绛等三十余州建舍利塔	604
长安	建西禅定寺	605
扬州	建长乐寺四周僧房	608
凉州	改瑞通寺为感通寺	609
长安	建七重塔二基	612
	改寺院为道场	613
长安	改禅定寺为总持寺	616
	隋敕令以大平宫等九宫为寺度僧	617

实例

六朝建筑以佛寺为盛，尤其是在北方，可现存的遗址已屈指可数。很多时候，我们不得不到史料中去寻找六朝建筑的恢宏模样。根据历史文献所提供的信息，六朝时期最杰出的建筑是北魏胡太后所主持营建的洛阳永宁寺，如《洛阳伽蓝记》所说：

> 永宁寺，熙平元年灵太后胡氏所立也。在宫前阊阖门南一里御道西。……中有九层浮屠一所，架木为之，举高九十丈，有刹复高十丈，合去地一千尺。去京师百里已遥见之。……刹

上有金宝瓶。容二十五石。宝瓶下有承露金盘三十重。周匝皆
垂金铎。复有铁锁四道，引刹向浮屠四角。锁上亦有金铎……
角角皆悬金铎，合上下有一百二十铎。浮屠有四面。面有三户
六窗。户皆朱漆。扉上有五行金钉……合有五千四百枚。……
浮屠北有佛殿一所，形如太极殿。……寺院墙皆施短椽，以瓦
覆之，若今宫墙也。四面各开一门。南门楼三重，通三阁道，
去地二十丈，形制似今端门。

从这段记述中不难得知，永宁寺的平面造型和日本飞鸟时代百
济式七堂伽蓝的四天王寺如出一辙。之所以这么说，是因为它们都
在塔的后面修建了佛堂。文中说佛塔的高度为一千尺，可能含有夸
张的成分。我更相信《魏书·释老志》所提供的数据，塔的高度应
该是四十多丈，换算为当下的日本曲尺则是三百二十尺左右，不愧
为中国迄今为止的最高塔。除了古巴比伦塔之外，这座塔也算是东
方地区比较高的建筑了。当然，相较于日本东大寺内的东西二塔（据
史料记载，犍陀罗的雀离浮屠、锡兰的无畏山塔至少有四十丈高，
不过换算为曲尺后则不到三百尺），它还是要矮一点。总而言之，
六朝建筑的恢宏是现在的我们无法想象的。

虽然六朝建筑基本上已绝迹，但建筑史学家关野贞还是对其进
行了研究，日后或许会诞生新的研究成果，当然，这么说我也没什
么把握。

尽管如此，现存的石窟却很多，而且大都规模庞大，对它们
的研究也已经非常周密。就规模而言，位居前三的是甘肃敦煌石

窟、山西云冈石窟和河南龙门石窟。敦煌石窟胜在石窟数量多、窟内装饰齐备；云冈石窟胜在气势浩大；龙门石窟胜在工艺精湛。除此之外，值得一提的还有山西天龙山石窟、河北南响堂山石窟、河南北响堂山石窟、山东云门山石窟及驼山石窟等，都是稀世之迹。更何况，中国地大物博，新发现总是层出不穷，因而我们时时刻刻都充满了期待。新发现从来都不会独立于文化中心之外，从这个角度来看，我们再应该关注一下十六国国都的周边地区。接下来，我就对上述石窟遗址的近况略作讲解。

敦煌石窟

敦煌位于近甘肃境内，在安西西南面约九十里处。从汉代时期起，它就是汉土与西域之间的重要通道，并因此而扬名海内外；在十六国时期，它被西凉定为国都。在敦煌东南面七十里左右的地方，有一座鸣沙山，其山腰上满是石窟，那就是著名的千佛洞。相传，千佛洞开凿于前秦苻坚建元元年（公元三六六年），主持者为和尚乐；历经六朝、唐代和宋代，元代时被搁置，之后又重新开凿。根据法国汉学家保罗·伯希和的统计，主石窟的数量为一百七十一个；有些主石窟内会凿有好几个小窟，所以总数究竟是多少，很难数清楚，说不定真的有上千个。图 3-1 所示的勘测图正是出自伯希和之手。不难看出，那规模是相当惊人的。从第一窟到第一百七十一窟，足有三千多尺远，看起来遥无止境的样子。大部分都是唐代石窟，其次是六朝石窟，再次是宋代石窟。六朝石窟又被划分为好几个历史阶段，要知道哪一窟是最早的，就必须得实地考察一番，所以在

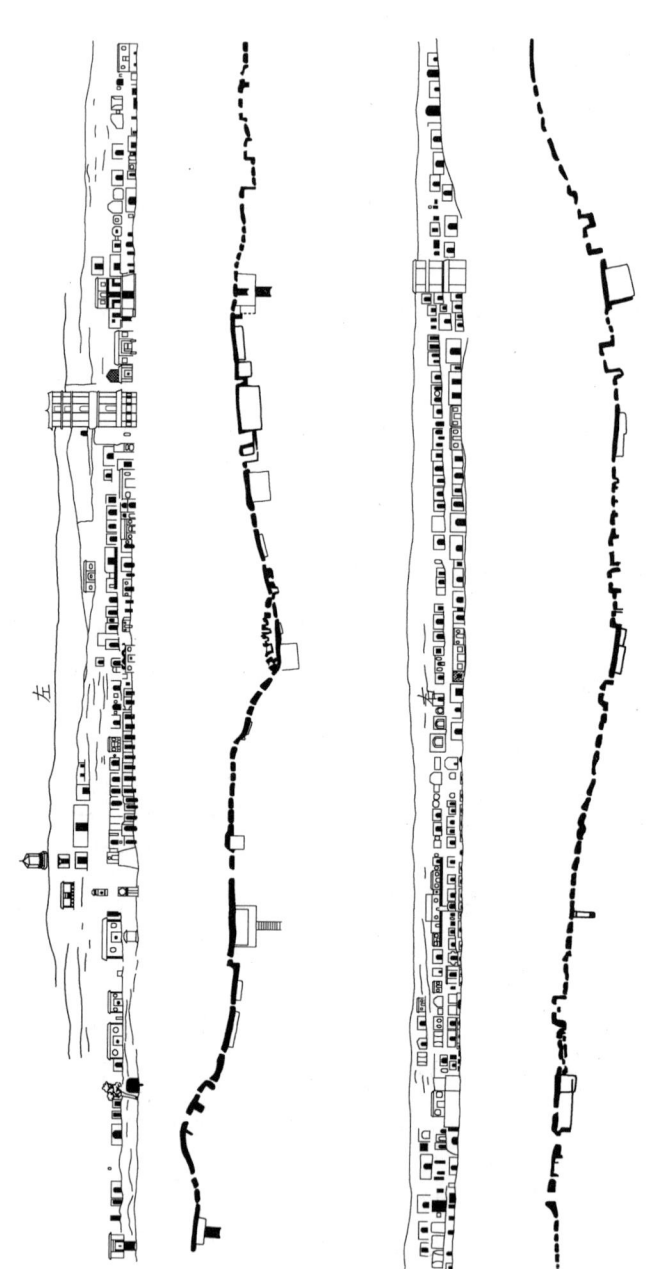

图 3-1 甘肃省敦煌全景

这里，我只能从伯希和的图录选择出一些在建筑学上意义重大的石窟，略作论述。

图 3-2 所示的是第一百一十一窟的右壁，其下方整齐排列着三个印度拱券，拱券内刻有佛像。我们需要特别注意下拱券及柱的工艺。这种造型的拱券在六朝时期就已经存在了：内轮于两端反转朝外，形如忍冬卷草纹，这是典型的六朝审美。柱头像是一批层层叠叠的布料，一股强大的力量将布料拉到了中间位置，从而形成了小鼓形轮廓（为了能通俗易懂一些，后文将称其为结花）。我们在云冈石窟、龙门石窟，以及其他许多地方的石窟中，也能看到这种造型的柱头，只不过雕刻的内容会有些差异。图的左上部显示出了部

图 3-2　敦煌第一百一十一窟右侧壁画

分天花板，可以看出，天花板为方形，上面插入了回转45度方形框格，格内再插入回转45度的方形框格。这种工艺来自印度，在印度建筑中颇为常见，在中国建筑和朝鲜建筑中也时常能看到，不难想见，它是经西域传入中国的。中国固有的木造天花板手法的藻井多是井字形，方正如棋盘一般。

图3-3所示的是第一百二十窟的右壁。两个龛的上面有印度式的拱券内轮，两端也有忍冬卷草纹，其工艺和图3-2所示的石窟一样。外部拱券上有背光轮廓，轮廓内使用了连续的半忍冬卷草纹。可见这是六朝石窟的常用工艺，而这种工艺还出现在了日本法隆寺各个佛像的背光轮廓内。轮廓内满是雄浑的忍冬卷草纹。

图3-4所示的是第七十七窟前壁的上半部分。注意观察天花板的工艺，上面有极为精美的图案。显而易见，这个天花图案和日本法隆寺金堂内的天花图案几乎是一样的。这也是六朝石窟的一个特点，也可见于云冈石窟、龙门石窟等。

图3-5所示的是第一百二十窟左壁的前半部分。背光轮廓及其内部工艺和图3-3的一百二十窟一模一样。背光轮廓上方绘有与战争有关的壁面，引人入胜。左边的场景是，弓箭手和长矛手正处于混战之中，一名骑着马的将领活跃其间；右边的场景是，一群俘虏正被押送着去见宫殿里的君主。这画的应该是敦煌军队战胜敌军的故事，笔法轻巧自如，笔而意尽，上面的飞天图案和忍冬卷草纹栩栩如生。壁画其实是绘在画布上的，而画布又被贴在了天花板上，这样的做法可谓妙趣横生。

除上述这些之外，六朝石窟还有很多，不过都大同小异，珍奇

图 3-3　敦煌第一百二十窟右侧壁画

图 3-4　敦煌第七十七窟前壁上部

图 3-5　敦煌第一百二十窟左壁前部

之作很少。关于敦煌石窟，我心中一直有个不解，那便是东晋安帝隆安元年（公元三九七年），北凉的沮渠蒙逊所开凿的沙洲三危山石窟到底在哪儿。我曾对此做过一些研究，但始终没有找到确切的答案。尽管能找到两三篇与之有关的历史文献，但它们所记载的内容大相径庭，真伪难辨；也没有精确的古代地图可作参考；如果说由大书法家吴汝纶题字的《大清全地图》上的信息大致准确的话，那么沙洲应位于敦煌西南面五十五里开外某处，而三危山则位于沙洲东南面七十里开外的地方。三危山应该是座丘陵，和鸣沙山属同一山脉，在其西面几里之外，且与之相连。如此看来，沮渠蒙逊所开凿的三危山石窟很可能就是鸣沙山石窟。之前也有人提出，鸣沙山石窟开凿于前秦，工程延续到了北凉。要考证这一说法是否正确或许并不太难，只可惜我至今还没有搞明白。另外，三危山石窟很可能就是莫高窟，因为史料中常常可以见到沙洲莫高窟或敦煌莫高窟的说法；若真如此，那么沙洲很可能就是敦煌。关于这一问题的争论尚未停止，大家都各有各的说法。

敦煌的西面是新疆，关于新疆地区的石窟情况，我们暂且留待后文详述。最近，欧美的研究者们对新疆地区的石窟兴味颇浓，成果迭出，不过那些石窟大多都开凿于唐代之后。如果能进行全面的考察，那么或许能发现更多的六朝石窟。就我个人而言，最关注的是于阗地区。法显在《佛国记》中对于阗王新寺大书特书了一番，倘若能发掘出其遗迹那么我们所得到的资料将何等重要，实难想象。我坚信，未来可期。

云冈石窟

云冈石窟位于山西大同西郊三十里处的一座小村庄内。那里有一条武周河，其北岸有一片东西走向的砂岩丘陵，丘陵南麓有一片石窟群。当年，鲜卑族的拓跋氏结束了十六国之乱，得以坐拥中国北方地区，随即建立了北魏，定都平城；平城便是如今的大同。换句话说，云冈石窟开凿于北魏时期。不仅如此，我们还能从史料中了解到开凿之人及开凿的具体时间。

北魏明元帝时期，佛教可谓一枝独秀、独揽人心；后来，因为太武帝笃信道教，佛教一度遭到了残酷的打压，甚至被灭；再后来，文成帝又将佛教匡扶了起来。为了替先帝的暴行赎罪，也为了通过发展佛教来激发文化方面的信仰，文成帝决定在武周山大规模地开凿石窟。那一年是兴安二年（公元五十五年），被委以重任的是僧人昙曜。《魏书·释老志》有云：

> 昙曜白帝，于国都西武州塞，凿山石壁，开窟五所，镌建佛像各一，高者七十尺，次六十尺，雕饰奇伟，冠于一世。

所以我们认为，云冈石窟的开凿时间是相当明确的。不过，在史料中也有些别的说法。例如，《大清一统志》《山西通志》《府县志》之类的文献都有记："元魏建，始神瑞终正光，历百年而工始完。"神瑞是明元帝的年号。如果硬要说云冈石窟开凿于神瑞年间的话，那么我们只能认为，因为太武帝废佛法，所以石窟被毁，直到文成帝复兴佛教，才得以重新开凿，且开凿的规模相较于之前有过之而无不及。这种说法因缺少依据而不曾被人重视，但我觉得它是不可忽视的。

仔细考察现存的云冈石窟便不难明白，说它因太武帝废佛而被毁好像是不太合理的。总而言之，云冈石窟是从昙曜所开凿的五大窟逐渐发展而来，直到隋末唐初仍有开凿。

另一件引人深思之事是，昙曜在开凿石窟的时候还修建了一座灵岩寺，大概是用来管理五大窟伽蓝的，但这座塔修在了哪里，却无人知晓。《通志》里写到，五大窟附近有十座佛寺，分别为一同舛、二灵光、三镇国、四护国、五崇福、六童子、七能仁、八华严、九天宫和十兜率。时至今日，我们已经无从考证这些佛寺的起源与沿革了，因为与之相关的史料实在太少。

　　云冈石窟目前被分作了三个区域（如图3-6所示），第一区为东部石窟，第二区为中部石窟，第三区为西部石窟。第三区的西面尚存一些小窟，因为价值不高，参观的人也少，所以就没有被分作第四区。云冈石窟的主石窟是第一区内的第一窟至第四窟，第二区内的第五至第十三窟，第三区内的第十四窟至第二十窟。第一窟至第二十窟的总长度约为一千五百尺，图3-7所示的便是其全景。想要细致入微地探究各座石窟的情况几乎是不可能完成的任务，所以我下面所做的介绍不甚详尽。

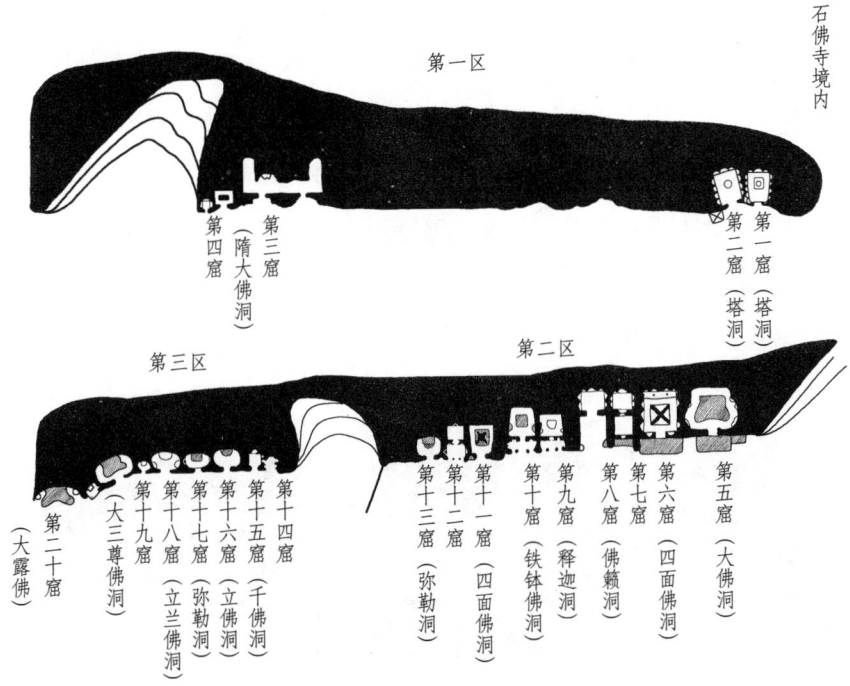

图3-6　山西省云冈石窟寺第一窟至第二十窟平面图

　　由昙曜主持开凿的五大窟是现在第三区内的第十六窟至第二十窟，认定的依据是它们的规模和工艺。第十六窟号内的立佛造像有四十多尺高，第十七窟内的弥勒佛像约有五十尺高，第十八窟内的立佛造像和第十九窟内的坐佛造像都有将近五十尺高。第二十窟的前壁已经坍塌，坐佛造像全都裸露在外，膝盖以下部位被掩埋，据估计高度至少有四十尺（如图3-8所示）。《魏书》中所说的"高者七十尺，次六十尺"是以魏尺为单位的，与实际情况大致相符。

　　五大窟内原本有很多雕饰，可惜已损毁殆尽，残存的一些也是模糊不堪，无从细辨。第二区内各座石窟的面积都相对大一些，内部造型各不相同，残存的细部品相相对较好，这为考察提供了便利。第三区各座石窟的工艺与第二区石窟一脉相承，没有本质上的改变。在第二区石窟中，第五窟是大佛窟，窟内的坐佛造像约有六丈高，把日本奈良东大寺的大佛都比了下去，堪称中国现存的最大石刻佛坐像。至于第五窟的内部尺寸，宽度为七十二尺，进深则为五十八尺四寸。第六窟的进深和宽度都在四十六尺左右，为四面四佛三层

图3-7　云冈全景

结构，十分庞大，四周的石壁上整齐排列着三重佛龛，上面的雕饰丰富至极，令人眼花缭乱。第七窟西来第一山洞，以及第八窟佛籁洞也是有雕饰的，不过大部分都受损严重。第九窟释迦堂及第十窟持钵佛洞的装饰工艺乏善可陈。第十一窟四面佛洞，以及第十二窟倚像洞相

图 3-8　山西省云冈第二十窟佛像

差无几。第十三窟弥勒洞中的本尊倚像相当壮观，佛像双脚交叉，高度有五十尺左右。

　　第二区的各座石窟都被涂上了色彩，显然是经过数次整修和改造的情况不是太妙，几乎不见当年气韵。各种雕饰也都已风化、损毁，或被后世之人乱修乱补了一通，因而完全看不清原来的线条。六朝石窟的风貌已经消失殆尽，真是一大憾事。这一区的石窟开凿于何时，目前还有待考证。不过，在第十一窟内的造像铭文出现有太和七年（公元四八三年）字样，由此可推断，它们或许开凿于大

和七年前后。第十一窟完工于太和七年（公元四八三年），多年之后，第二区的开凿工作宣告结束。第三区的开凿紧随第二区之后。

第一区第一窟东塔洞里刻有二层塔，第二窟西塔洞里刻有三层塔，是典型的六朝石窟精华。第三窟大佛洞的开凿时间稍晚，通常被认定为隋代石窟，也有人认为它是唐初石窟。当然，隋唐两代的时间差并不大。这是一座尚未完工的石窟，宽度在一百三十尺左右，进深大概有四十尺，其内的本尊倚像高三十尺有余。

以上这些石窟的精髓皆在于其内可观可赏的雕刻和佛像，不过我们主要讨论的是建筑，所以对雕刻和佛像就不做赘述了。云冈石窟似是沿袭了中亚地区的艺术形式，这一观点依据的是云冈石窟的缘起及当时中国与西方佛教国家的交往情况等。对它产生深远影响的，不仅有敦煌千佛洞，还有印度的笈多文化。从狮子国高僧来魏之事观之，其中还有南天竺、锡兰等国的艺术风韵。然而，想要将来龙去脉完全搞清楚，我们还需要做更多更细致的研究，只能留待日后完成了。在这里，我只选择了石窟里一些与建筑有关的部分来尝试着追根溯源。

如图 3-9 和图 3-10 所示，第十窟内出现了爱奥尼克柱式柱头。爱奥尼克柱式柱头是从希腊发展起来的，从其他地方的遗址来看，它后来传入了犍陀罗地区的大月氏国，至于后期的发展如何无人可知，万万没想到如今会在云冈石窟中见到它的身影，真是耐人寻味。估计是自中亚地区传入的中国，日后若有机会一定要对传入路径好好探究一番，应该十分有趣。

图 3-11 所示的仍然是第十窟，这一次我们看到了科林斯式柱

图 3-9　云冈第十窟　　　　　　　　图 3-10　云冈第十窟

头，至少从工艺上来看，这里的柱头和科林斯式柱头颇为相似。科林斯式柱头起源于希腊，从罗马地区发展起来，常见于拜占庭建筑，散见于犍陀罗建筑，不过这些建筑中的科林斯式柱头在工艺上和本图所示的存在一些明显的差别，它们采用的是毛茛叶做装饰，而这里采用的则是忍冬藤草。这种工艺的发展路径尚不明确，不过估计是自西亚经波斯传入的中国。

　　图 3-12 所示的是第十一窟，可见印度拱券及柱头。印度拱券及柱头在敦煌石窟中（如图 3-2 所示）也曾出现过。在云冈石窟中，它出现的频率很高。究其发展路径，应该是自印度经中亚传入中国北方，在敦煌石窟中被改造，进入中国腹地后又在各处开枝散叶。

图 3-11 云冈第十窟　　　　　　图 3-12 云冈第十一窟

图 3-13 所示的也是第十一窟，可见犍陀罗式梯形券、梯形楣，以及石壁上的千体佛像。梯形楣在犍陀罗地区相当常见，但在中印度地区却无处可觅。不难知道，这种工艺起源于犍陀罗。至于石壁上的千体佛像，就雕刻风格而言，在印度并不鲜见，但更常见于犍陀罗。就像我们所看到的一样，这座石窟颇具犍陀罗风格。

图 3-14 所示的是第二窟，可见梯形拱券及两基塔身。这个时候我们需要对梯形拱券做出判断，重点关注其外轮内侧，倘若里面刻着飞天，那么就是印度式的，因为飞天是印度建筑的工艺，并不

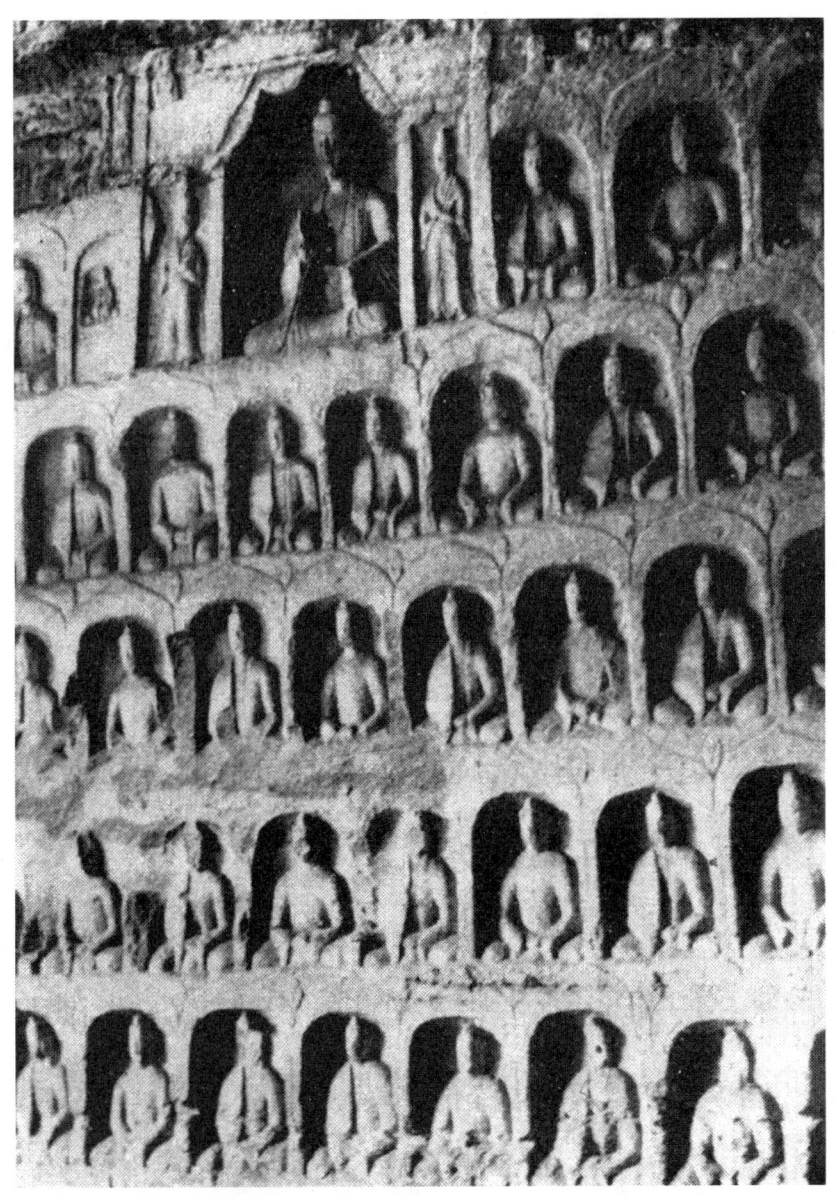

图 3-13 云冈第十一窟

会出现在犍陀罗式的建筑中。梯形拱券的下方垂落着天盖式璎珞，这种形式在葱岭以外的地区极为罕见。由此可断定，它的起源地在玉门关与葱岭之间。至于它和波斯建筑所特有的锯齿纹是否有关联，还有待考证。在我看来，与塔有关的建筑形式是值得深究的。在前文有关汉代建筑的讨论中，我们已经提到过，中国塔演变自中国楼阁。不过在图 3-14 中，无论是左壁上的二层塔，还是右壁上的三层塔，每一塔层的顶部都是印度式窣堵波造型，这意味着当时的楼阁建筑大多还是木造。图 3-15 将第二窟左壁上二层塔做了放大，可见其塔层顶部的窣堵波造型是相当奇特的，甚至可以说是独一无二的，在基坛（也就是露盘）和塔身（也就是覆钵）之间可见仰莲，

图 3-14　云冈第二窟

这和图 3-11 中的科林斯式柱头异曲同工。法轮好像有七重。这个窣堵波一度让我们觉得它就是西藏佛塔的原型。尽管云冈石窟除此之外还有许多塔形雕刻，但这座塔告诉我们，当时的塔已经在采用多重结构，这无疑是十分重要的信息。

　　图 3-16 所示的是第六窟一座线条明晰的五重塔。各层雕刻着印度拱券、梯形拱券及佛像。起支撑作用的与其说是中国式大斗拱，不如将其认定为印度建筑或波斯建筑似乎更合适。顶部的窣堵波微微有些变形，看起来更像是普通的法轮。整座塔的工艺与前文所记述的塔基本相同。不过有意思的是，一共九个法轮，居然有三个是并排而立的，这样的形式定然与日本白凤时代[1]长谷寺铜板上的那

图 3-15　云冈第三窟

图 3-16　云冈第六窟

---

[1]　白凤时代与飞鸟时代指的都是日本大化革新（公元六四五年）前后，因断代方法不同而名称有异。

座塔不无关系。

上述所讨论的大体上都是自外而入中国的工艺，实际上，有很多石窟也反映出了中国工艺的发展情况，第六窟（如图3-17所示）便是其中之一。大式瓦作庑殿顶，正脊两端有鸱尾，脊上有三角形纹饰，中间刻有凤形图案。这些工艺源自周汉，而后越来越纯熟。檐部有圆椽，其下为一斗三升斗拱，有人字形驼峰，这些都是日本飞鸟时代建筑的原型。这种工艺在图3-18所示的第二窟里也能看到，顶部有华盖形雕饰，难免让我想起橘夫人念持佛厨子[1]。另外，第十窟内的栏杆和日本法隆寺的栏杆也一模一样，想来的确有趣。

图 3-17　云冈第六窟

第六窟中的华盖（如图3-19所示）覆于佛像头顶部，这样的造型和日本法隆寺金堂内的华盖如出一辙，在敦煌石窟中也很常见（如前图3-4所示）。在云冈石窟中，这种造型的天盖出现得颇为频繁，但又因使用场合的不同而略有变化。在我看来，这种天盖起源自西藏，至于为什么，我将在后文中做出阐释。

---

[1]　日本镰仓时代《圣德太子转私记》中的记载。

图 3-18　云冈第二窟

图 3-19 云冈第六窟

在探究六朝艺术的沿革时，纹饰所起到的作用是至关重要的，对此，我们将在后文中做专项讨论。

龙门石窟

龙门石窟在河南洛阳以南三十里左右。依水自南向北流经洛阳盆地，两岸的丘陵为石灰岩结构，右侧河岸不值一提，但左侧河岸的东部却布满了石窟，绵延约两千尺。这就是龙门石窟。所有石窟内都雕刻有佛像，石壁上也满是雕饰，就精美程度而言，在云冈石窟之上。不过，要说规模，龙门石窟还是无法超越恢宏的云冈石窟，工艺也不如云冈石窟那般无拘无束、自由自在。这是因为龙门石窟的工艺已模式化了，很难再随心而为，毕竟它开凿的年代较云冈石窟要晚一些。在开凿云冈石窟的时候，人们尚能尽情尝试，不拘一格，但在开凿龙门石窟时，石窟艺术已相对成熟，人们的态度也就谨慎了许多。那么，龙门石窟到底开凿于何时呢？

通常人们会认为，龙门石窟开凿于北魏迁都洛阳之后，也就是孝文帝太和十七年（公元四九三年）以后。《魏书·释老志》对此的记载是这样的：宣武帝先是为了父亲（孝文帝）和母亲（文昭皇太后）开凿了两座石窟，后来又为自己开凿了一座石窟，这便是龙门石窟的起源。上述三窟分别为现存石窟中的哪一窟，实难考证。龙门石窟中最古老的铭文篆刻于太和十九年（见于第二十一窟），不过依照其他铭文所记载的内容，事实上太和七年已有开凿之举。换句话说，龙门石窟应该开凿于北魏迁都洛阳之前，而后历经东魏、北齐、隋代，直至唐代。时至今日，龙门石窟中仍然保留着众多历朝历代的铭文，同时，与之相关的史料也并不鲜见。

这样看来，龙门石窟胜在坐拥历代佳作。图 3-20（参见《中国佛教史迹评解》）所示的是龙门石窟西部的各座石窟，其中有 21 个甚为重要，譬如第三窟（宾阳洞）、第十三窟（莲花洞）、第十四窟、第十五窟（开凿于北魏，改造于唐代）、第十七窟（魏字洞）、第十八窟（开凿于北魏，改造于唐代）、第二十窟（药方洞）、第二十一窟（古阳洞）都是北魏石窟，第二窟和第四窟被认定为隋代石窟，剩下未提及的都是唐代石窟。

我们来看看北魏石窟和隋代石窟的情况。就建筑学价值而言，第二十一窟堪称重中之重。这座石窟最晚开凿于太和七年，完工于太和十九年前后，这在其铭文中有明示。由此可见，它和云冈石窟第二区内的石窟开凿于同一时期。其石壁上满覆雕饰，而且这些雕饰全都具有鲜明的建筑学意义。

第三窟宾阳洞位于潜溪寺当中，为龙门六朝石窟当中规模最壮观的一座。这座石窟的宽度为三十六尺，进深为三十三尺五寸，后

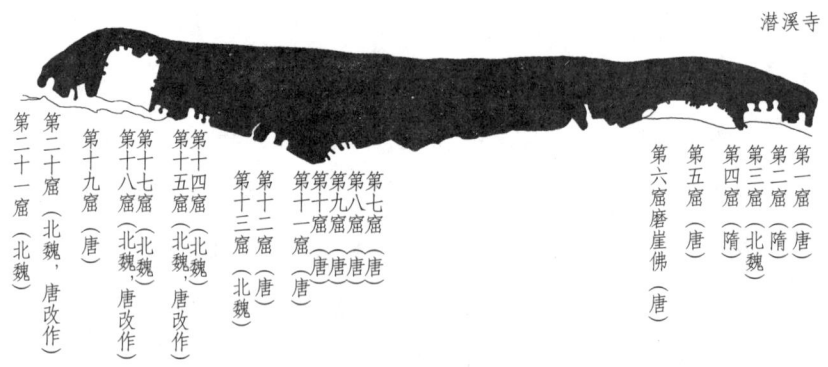

图 3-20　龙门西峰石窟简略位置图

壁刻有本尊、罗汉、菩萨像，左壁和右壁均刻有三尊佛像，每一座佛像都是精工细作出来的。无论是背光轮廓上的纹饰，还是天井处的纹饰，都丰富至极。可惜没有太多可看的雕饰，再加上没有铭文，所以很难推断出它的开凿时间，不过大致上可以判断出，这是一座北魏石窟。

第十三窟莲花洞，是优秀的北魏石窟之一。佛像雕刻得颇为清秀，石壁上的佛龛及千体佛上的雕饰更是精美。第二十窟药方洞，尽管历经北齐隋唐的改造，不过总体上仍能看出北魏之风，佛像外观质朴，佛龛等物上的雕饰也很精美。就艺术性而言，龙门石窟中的六朝石窟和云冈石窟中的六朝石窟可谓同根同源，不过很显然，龙门六朝石窟要规整许多，西亚建筑的色彩也少了很多，譬如爱奥尼克柱式柱头、科林斯式柱头、东罗马式花纹之类的修饰，均未得见。在佛像的造型方面，云冈石窟从一开始就在弱化外来艺术，基本上全采用了六朝形式；印度工艺鲜见其中，取而代之的是典型的中国工艺。简单来说，云冈石窟多有西亚风尚，而龙门石窟极富印度色彩；云冈石窟气势雄浑，龙门石窟精巧智慧；云冈石窟让人充满倾慕之心，龙门石窟让人充满惬意之情。下面，我们就通过一些实例来了解下龙门石窟的工艺。

图 3-21 所展示的是龙门石窟的全景，右边是第十二窟、第十三窟周边的情况，左边是第十四窟至第十九窟的情况。由这幅图大致可以推断出龙门石窟的整体规模。图 3-22 所示的是古阳洞的内壁，可见一座带有印度拱券、线条精致的佛龛，拱券内的雕饰细致入微，工艺水平着实惊人。要知道，这里的岩石可都是质地细腻

的石灰岩，在这一点上，云冈石窟的砂岩的确稍逊一筹。右侧拱券
于两端微微上翘，看起来像是凤头，左侧拱券的两端看起来则像是
龙头，毫无疑问，这是中国艺术的典型特征。拱券下方的立柱处有
两尊仁王像，龛内佛像的底座下方都有一对左右而立的狮子，尽管
造型不同，但从形式上来看是一脉相承的。剩下的细节，我在这里
就不赘言了。

图 3-21　龙门全景

图 3-22　龙门古阳洞（第二十一窟）

我们在图 3-23 中可以看出明显的拱券和柱的手法。拱券内轮两端呈龙头形，立柱则带有明显的波斯建筑特色。佛龛前下方有栏，其内为本尊趺坐像，这种形式的栏通常被认为是印度式的。佛龛左右两侧石碑上刻有螭首，为六朝时期的龙纹组合，很是精巧。佛龛向下与另一个梯形佛龛相连，这种形式亦常见于云冈石窟，不过此

图 3-23　龙门古阳洞

处拱券的内轮雕饰从裙角飞扬的天衣纹饰转变为了忍冬纹，从而生出了一种轻松明快的意味，而这在云冈石窟中是看不到的。

图 3-24 中的拱券和柱则与前图所示略有不同。左上龛的印度拱券变形明显，柱头上的雕饰也从敦煌石窟的垂布纹，也就是结花变成了近似波斯式的造型。立柱中央反复用此手法，可谓独创。立柱下方有小石像，再往下有石狮，石狮下有小龛，层叠有序，流畅自如。左下龛的梯形拱券与印度拱券重合。右上龛没有用拱券，而是用交相辉映的璎珞纹饰修饰除了龛的上部轮廓。位于下方的小龛则采用了简单的梯形拱券。工艺的变幻实在是超乎想象。

图 3-25 展示的是石窟中的雕饰。佛龛中央为方形，上面为歇山顶，坡面线条向上微微翘起，檐部线条平直，正脊左右两端立有

鸱尾，中间立有大鸟，类似的形式我们在云冈石窟中也曾看到过，檐部下方斗拱的情况也是如此。石窟上方的小龛代表小佛堂，佛龛立柱的上半部分刻有人像，而不是常见的印度式纹饰；石窟右下方石壁上刻有显而易见的三重塔。这种造型常见于龙门石窟，似乎是当时塔类建筑的通用形式。图3-26展示的是佛堂，可见建筑三座，坛为木结构，其正面刻有阶梯与栏杆阶。立柱上方刻有斗拱，斗拱间有人字形驼峰，建筑的屋顶是歇山顶，但山花显得很小，所以看起来颇似庑殿顶。檐部线条平直，坡面线条弯曲，正脊两端向上微翘，并立有鸱尾。左壁上的佛堂中央顶部刻有珠宝纹饰，屋顶用瓦。

图3-27所示的是一座四重塔，和图3-25所示的三重塔属于同一种形式。三重塔宽一间，而这座为两间；三重塔的顶部坡面线条

图3-24　龙门古阳洞　　　　　　图3-25　龙门古阳洞

图 3-26　龙门长身观音洞

平直，而这座塔的坡面线条则是弯曲的。

图 3-28 所示的是一座二重塔。它在众多塔雕中可谓独树一帜，顶部没有屋檐构造，而是用了三层叠涩的工艺；第二层也是一样。这无疑是一处极具代表性的建筑小品。我们能在龙门石窟中看到各种各样的塔雕，而在云冈石窟中却尚未发现楼阁式塔顶载及窣堵波的实例。由此可见，在龙门石窟开凿之初，塔这种建筑已经蔚然成风，规制完善了。

除了上述实例之外，龙门石窟中其他一些与建筑有关的文物都与云冈石窟中的文物属于同一种类型。不过，在云冈石窟中随处可见的天盖却在龙门石窟中甚少出现，为数不多的几处也已和原型大相径庭。至于斗拱，云冈石窟中的斗拱都是一斗三升的人字形驼峰，

3-27 龙门微妙洞

图 3-28 龙门莲花洞图

而龙门石窟中的斗拱还有二重三斗。其他则有柱式手法，让人觉得很微妙。在云冈石窟中，我们尚能见到类似凸肚式立柱，但在龙门石窟中则未曾得见。龙门石窟中还出现了典型的竖凹槽（第二十一窟），以及合掌菩萨之类的女性人像立柱。如我们所知，人像立柱起源于希腊，常见于犍陀罗，散见于印度。龙门石窟中的女性人像立柱自然源自犍陀罗。深入对比云冈石窟和龙门石窟的异同，是件很有意思的事情，同时也对我们的研究大有助益。

天龙山石窟

天龙山石窟位于山西太原西南外三十里处，左右两边皆为丘陵，丘陵腰部都有石窟群，且均为东南向。东魏大将高欢的故土正是太原，后来他的儿子高洋建立了北齐，将于邺定为国都，太原定为陪都，自此，太原越来越繁荣，终成山西的文化中心。当然，在古代，太原被称为晋阳。天龙山石窟开凿于北齐时代，历经隋唐，日益欣荣。

图 3-29 是天龙山石窟的整体平面图（载于《中国佛教史迹评解》），左边的丘陵上凿有第一窟至第八窟；右边的丘陵上凿有第九窟至第二十一窟，这一部分石窟极为重要。就已发掘的部分来看，六朝石窟包括：北齐石窟第一窟至第三窟；隋代石窟第八窟、第十窟、第十六窟；北齐至隋代石窟第九窟，以及余下的唐代石窟。天龙山石窟之所以能名扬天下是因为其内佛像大多模样端庄，神情微妙。在这里，我们将选取几个实例来做了解。

图 3-30 是天龙山远景。图 3-31 所示的是第三窟，宽度为八尺四寸三分，进深为七尺九寸，规模不算大，东壁上凿有佛龛。

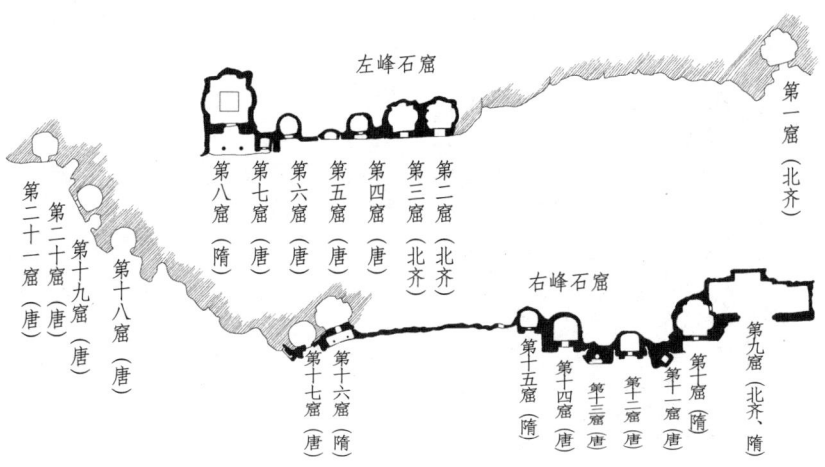

图 3-29　天龙山石窟简略位置图

相较于六朝初期的石窟，印度拱券的轮廓已经有了很大的变化，其内轮的顶部有结花。这种结花和敦煌石窟、云冈石窟及龙门石窟立柱顶部的结花相同，而且在这座佛龛两侧立柱的顶部也有出现。不过，佛龛上部全为柱头，下部造型则相似于金襕卷。柱头上方出现了凤形雕饰，而且这个雕饰是独立于拱券内轮线以外的，这种形式在其他地方也时常出现。

　　图 3-32 所示的是第三窟后壁右侧。可见左面为佛龛右柱，柱头上写实的莲花很是少见，这似乎是波斯柱头最初的样子。柱头上雕刻着立体的凤饰，柱体右侧则雕刻着阿罗汉像，雕工实为精巧。

　　图 3-33 所示的是第一窟的全貌。可见入口处拱券立柱的顶部刻有盛放的莲花，这也是很少见的做法。柱头上亦雕刻有立体的凤饰。入口石壁上的斗拱十分明显，这无疑是令我最激动的发现。斗拱为一斗三升人字形叉手，这个斗类似于日本法隆寺中的皿斗。

图 3-30　天龙山全景

图 3-31　天龙山第三窟

图 3-32 天龙山第三窟后壁右方

图 3-33 天龙山第一窟

刻入劲道有力，刳形独特，这现象十分重要。人字形叉手在云冈石窟、龙门石窟中出现得也不少，不过那些都呈简单的直线形；这里的则被着力雕刻成了曲线形，而唐代那种蜿蜒起伏的曲线应该就是从这种形式演变而来的。

图3-34所示的是第三窟西壁。可见右面的佛龛立柱顶部刻有半盛开的莲花，柱头轮廓和普通的西式建筑、印度建筑的柱头无异，不过用的是罕见的写实手法。拱券内轮末端的雕塑不再是凤，而是龙头。石壁上粗浅地雕刻着菩萨像，佛坛前刻有垂落的布幔，这正是六朝天盖造型，和敦煌石窟、云冈石窟，以及日本法隆寺金堂内的天盖一样，不过这里的天盖处理得更为简约精练一些，而且上部两端及中央位置上还有金属装饰，这是一种相当重要的工艺。

除了上述几个实例，在天龙山石窟中还有许多可观可赏的石窟，在这

图3-34　天龙山第三窟西壁

里我们就不一一介绍了。综上所述，天龙山石窟的价值，紧随云冈石窟、龙门石窟之后。虽然它的规模不及前两者，不过其工艺却毫不逊色。在时间的洗涤中，开阔豪迈之风渐渐消失，这反而使细部工艺显得愈加纤秀起来。

南北响堂山

响堂山位于河北省邯郸市西南三十五公里处，分作两部分，相距十五公里。响堂山有一座北齐石窟群。古建筑学家常盘大定在一九二二年十一月来这里考察过，此后别无其他研究者。

图3-35（载于《中国佛教史迹评解》）所示的是南响堂山石窟的整体布局，可见其分为了上下两层。上面一层有五座石窟，下面一层有两座石窟。图3-36为其全景。图3-37所示的是上层的第五窟，这座石窟的工艺极具建筑学意义。入口处的立柱为多角形，立柱顶部及中央有结花，拱券的造型变了许多，开始向华灯形发展。小壁上的斗拱和图3-33所示的天龙山石窟斗拱在工艺上几乎相同。檐、椽、瓦口、瓦当等各处的手法也都明晰可见，的确是研究六朝石窟工艺的好资料。

图3-38所示的是上层从右至左排列的第二、三、四窟的前壁。需要留意的是中间的第三窟，其入口立柱呈八角形，上立狮像。这种手法在南印度多拉维达建筑中可以看到，不过我不太确定这和南响堂山石窟有什么关系。立柱顶部及中央照例有结花，形式和图3-37中所示基本相同；斗拱再一次发生了变化，已完全颠覆了此前形式，当然，这可能是因为它曾被后世之人改造过。值得一提的

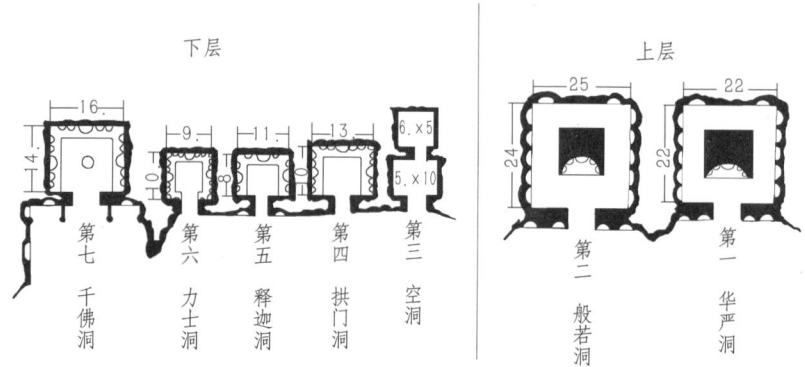

图 3-35　南响堂山石窟简略位置图

图 3-36　南响堂山全景

图 3-37　南响堂山石窟上层第五窟

是，拱券的左侧还刻有一座
小型的三层塔。

图 3-39 所示的是下层第
一窟的内壁工艺。不难看出，
这里的工艺比前面所列举的
各处都要更好一些。佛龛为
宝塔形，顶部为饱满的半球
覆钵造型，表面刻有精致的
纹饰，檐角向外突出，两端
带锋且向下垂落，法轮左右

图 3-38　南响堂山石窟上层第二至四窟

有两根悬挂着铎的链条，一端系于檐角上。这似乎有一些洛阳永
宁寺塔的影子，而半球覆钵造型则源于印度。佛龛的拱券及立柱

和前述几例很接近，无论是构思还是工艺都十分朴实。

北响堂山石窟包含了七个很重要的石窟，布局可参见图3-40（载于《中国佛教史迹评解》），图3-41为全景图。这些石窟分别为：由常盘大定先生命名的第一窟大业洞、第二窟刻经洞（北齐石窟）、第三窟释迦洞（北齐石窟）、第四窟大佛洞（北齐石窟），第五窟倚像洞（唐代石窟）、第六窟二佛洞（疑为隋代石窟），第七窟嘉靖洞（明代石窟）。要说其中的精华，莫过于开凿于北齐时期的第二、三、四窟。从图片中不难看出，在历经后世修补之后，它们的原貌早已不复存在。不过，相较于天龙山北齐石窟，这几座北齐石窟的风格很是独特，所以它们才如此珍贵。

图3-39　南响堂山石窟上层第一窟

图3-42所示的是第四窟南壁。第四窟是北响堂山石窟中最

耀眼的一座，规模也是最大
的。它的宽度为三十九尺八
寸，进深为三十七尺四寸。
可见其中间立有一座巨大的
立柱，柱体左右两侧，以及
正面都刻有佛像；内壁左右
两侧各刻有五个佛龛。南壁
也就是右壁，佛龛之间有立
柱，柱体表面覆有精致的忍
冬纹，柱础为莲花，和柱中
间的结花相映成趣；立柱顶
部也有莲花，莲花上有宝珠，

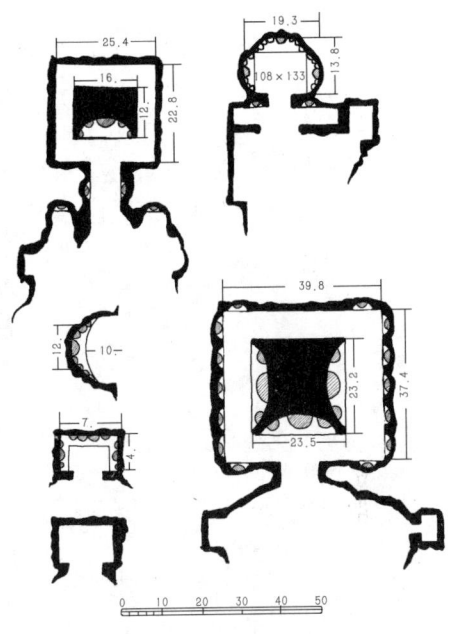

图 3-40　河南省北响堂山石窟平面图

图 3-41　北响堂山全景

图 3-42　北响堂山第四窟

宝珠四周有火焰，这种工艺倒是很常见。柱础下方刻有奇怪的兽形纹饰，像是带有翅膀的鬼魂。佛龛立柱从上部横向相连，每一龛的顶部都是半球覆钵造型，钵上也可见莲花纹、忍冬纹、莲花光炎组合纹之类的精美工艺。佛龛拱券为印度式，但外轮顶部的尖却是没有的，所以也就没了印度拱券的风貌，只能将其视为一种装饰了。更让人遗憾的是，无论是内轮还是外轮，其内侧纹饰都与整体不相协调。图 3-43 所示的也是第四窟，可见前壁内侧的佛龛和图 3-42 中的佛龛如出一辙。

综上所述，在响堂山石窟中已见不到太多西方工艺和印度工艺，反倒是中国工艺在各方面都有了发展，这也为日后的唐代新工艺铺就了一条大道。在这个层面上看来，响堂山石窟具有极大的历史价值。

从敦煌石窟、云冈石窟、龙门石窟、天龙山石窟及响堂山石窟的实例中，我们可以看到六朝建筑大致的演变过程，不过，我在这里还想再展示一些实例，也就是接下来要讨论的巩县石窟、云门山石窟、驼山石窟，等等。

图3-43　北响堂山第四窟

巩县石窟

巩县石窟位于河南巩县西北三里处，是一座面朝洛水，凿于砂岩丘陵之上的石窟群，古称净土寺，开凿年代可见石碑上铭文：

自后魏宣帝景明之间凿石为窟刻佛千万像世无能烛其数者。

后世对此还有若干追记。

巩县石窟主要包括五个窟，东部三个，西部两个，都朝南；东西两部分之间立有三尊露佛。

规模最大、美观程度最甚的是第五窟（如图3-44所示）。其宽度和进深一样，都是二十二尺，中间凿刻有巨大的立柱，高九尺，有方角；柱体四面皆有佛像，这种工艺在云冈石窟中也有出现。内壁三面均刻有四个佛龛，拱券为印度式。如图右所示，拱券的内轮和外轮之间刻有忍冬纹，笔法颇为厚重。左右两个斗拱的末端刻有忍冬藤草纹，下方为饕餮造型，很是奇妙。

图3-45所示的是第三窟的天井。第三窟是巩县石窟中的第二大窟，内部工艺和第五窟内工艺很接近。天井为格子顶，每个格子之间均刻有花纹和飞天图案，这个构思很是巧妙，且富有创造性。

云门山石窟和驼山石窟

云门山石窟位于山东青州以南约十里某处。那里有一座丘陵，顶上有一个洞门，洞门上刻有"云门山大云寺"字样。洞门西侧有佛龛两个，至于其年代，铭文中有所记述，也就是隋文帝杨坚开皇十七年、十八年、十九年等。如图3-46所示，我们在西侧的佛龛中并没有看到明显的雕刻痕迹，只看到六朝时期常见的印度拱券，不过其内佛像的雕刻工艺还是颇具观赏价值。除此之外，这里还有几个疑为唐代所凿的佛龛。

在青州东南外约十里的地方，有一座正对云门山的丘陵，那便是驼山了。驼山上留存着六个大小不等的佛龛，为隋唐时期所凿。规模最大，价值最高的是第三窟，宽度为十八尺，进深为二十三尺左右。窟内佛像在工艺方面可谓精湛，据相关史料记载，为后周建德六年（公元五七七年）至隋开皇十四年（公元五九四年）之间所

图 3-44　河南省巩县第五窟

图 3-45　巩县第三窟

图 3-46　云门山石窟

凿。不过，我们在这座石窟内外没有看到极具建筑学意义的工艺。

图 3-47 所示的是第二窟的石壁。这座窟里的佛像看起来像是隋代初期的产物，其工艺的精湛程度可谓世间少有。窟内窟外的建筑工艺表现得并不多；佛龛造型为印度式。

嵩岳寺塔与神通寺塔

时至今日，六朝时期的建筑风貌基本上已消失殆尽。还好关野贞发现了河南嵩山西岳嵩岳寺的十二角十五层塔及山东历城神通寺的四门塔。据关野贞说，嵩岳寺的前身为北魏宣武帝之离宫；到了正光四年（公元五二八年），孝明帝耗费了大量的财力物力修建了

图 3-47　驼山第二窟

嵩岳寺，并营造了这座十二角十五层塔（如图 3-48 所示）。从平面上来看，这座塔有十五层，每层十二个角，史无前例，后无来者；从远处看，自第二层向上，层层相叠，犹如一枚炮弹。第一层的立柱顶部有莲花拱窗，窗户上下的球盖和束腰板壁上都有雕饰，自第二层向上，每一层都可见小型的莲花拱窗及其他北魏工艺。虽然我没有亲临过现场，但从照片上来看，那确实是六朝时期的建筑形式，不过，它显然更接近北齐式，而非北魏式。令人困惑的是，云冈石窟、龙门石窟等石窟群中竟然没有出现这种形式的塔。

再来看看神通寺的四门塔（如图 3-49 所说）。关野贞认为，神通寺原为前秦时期高僧竺僧朗所居住的古刹，而寺内的四门塔则修建于东魏时期武定二年（公元五四四年）。这座石塔是继汉代石阙之后的石建筑，四壁为方形，屋顶呈宝塔形，最顶部立有石造的法轮；外观简朴却工整，四面各有一道入口，呈半圆拱形；塔内设有四面坛，其上供奉着佛菩萨。至于这座塔在工艺上有没有沿袭六朝的形式，关野贞并没有做出说明。单纯从照片上来看，的确看不出任何六朝特色，在这里就以关野贞的观点为主吧。

图 3-48　河南省嵩岳寺的塔

图 3-49　山东省神通寺的四门塔

四、道观

如前文所述，道教是张道陵于东汉末年之时所创建的，不过在当时，道教尚不足以称为一种宗教。直到东晋初年，葛洪写就了《抱朴子》，神仙之道横空出世，道教才得以开枝散叶，逐渐发展壮大起来；当然，还有个可能的原因是，当时佛教兴盛无比，道家弟子们深受刺激，为了与之对抗，便开始奋起直追。道教思想原本是单薄的，所以要想与思想深厚的佛教相抗衡绝非易事，只好处处偷师学艺，效仿佛教制式推出经典与道法，最终才得以形成了一套自己的宗教形式。道教建筑和一般的宫殿、佛寺相仿，并无独特之处。一开始，就连殿堂内的陈设，譬如供奉本尊的坛位、坛位前的祭桌、道士们打坐的用具、一侧摆钟、金鼓等等，都和佛堂陈设雷同。有时候，我不得不走近看清供奉的本尊，才明白建筑的性质究竟为何。

截至目前，我还没有弄清楚道观始建于何时，由谁修建，形式为何，只知道大体上始建于东晋初年。东晋时期的陶渊明、陆修静，齐梁时期的陶弘景等人，都为道教的发展贡献了很大的力量。在东晋时期，道士王符[1]在《老子化胡经》中写到，老子经函谷关到印度传播道教，释迦牟尼在听完讲道之后创建了佛教，言下之意是道教比佛教的地位更高。这一言论横空出世之后在佛道两教中掀起了轩然大波，双方争论旷日弥久。到了南北朝时期，北魏道武帝、太武帝及北周武帝都信奉道教。北魏太武帝极为推崇道士寇谦之，北周武帝笃信卫元嵩和张宾之，最终酿成了"三武一宗"的悲剧，令佛教遭受了沉重的打击。当时最得势的道士是寇谦之，太武帝不仅封其为天师，还改年号为太平真君。

道教在南方的境遇大不如在北方，不仅没有得到推崇，还被梁迫害至深。当然，道教毕竟是以中国传统思想为根基的，所以绝不可能被轻易地打压下去。尽管不及佛教那样风行，形势也比较棘手，

---

[1] 也有观点认为他是西晋时期的人。

但兴建于彼时的道观、神祠、庙宇等依然很多，只是具体数量等情况还有待考证。关于佛教和道教的此消彼长，需要强调的是，佛教理论相当深奥，除了有识之士，普通人想要领悟绝非易事，就算将理论通俗化，也实难得让普通人投身追随。既然如此，佛教又为何能发展得如此迅猛呢？这是因为，那时候正值乱世，为了躲避兵荒马乱的战场，许多人不得不背井离乡，为了逃避沉重的苛捐杂税，越来越多的人遁入空门，要么为尼，要么为僧。简单来说，走进了佛门，就不会无辜送了性命，也不用再受流离之苦。五胡十六国时期，局势最为混乱不堪，北方处处都是战场，这也是佛教盛行于北方的主要原因。那时候，道教还处在寻求发展的阶段，宗教体系尚未完善，所以还无法为百姓提供庇护。

我们常常会听到有关当时道士作奸犯科，然后被诛杀的故事，这或许是道士们所采用的一种另类的炒作方式。道教思想源自中华民族的传统思想，可追溯至天地初开之时对天地日月、山川草木的原始崇拜，所以它潜藏着巨大的能量。当今世代，佛教在中国早已风光不再，而道教及其建筑却仍在人们心中占有一席之地，就是那股巨大能量所带来的效益。

类似的，在印度，产生于五千年前的婆罗门教（也就是后来的印度教）的根基也是国家传统思想；而产生于二千五百年前的佛教在当时则被视为一种新思想。佛教与印度教当时分庭对抗，佛教兴盛一时，但到了现在，它在印度已近乎销声匿迹，只剩下印度教独大。如果说印度教是印度民间思想的代表，那么道教就是中国民间思想的代表。在中国文化史中，道教发展史是不可或缺的一部分，所以研究六朝时期的道教、道观、庙祀等建筑，也是一件至关重要的事情。下面是《佛教大年表》中与道教有关的几项重要记录。

年代	道教关系事迹
276	晋道士陈瑞自号天师谋乱
366	道士卢悚自称大道祭酒谋乱
427	魏京师东南建天师道场
431	魏镇州建道坛，于天下佛寺建祝寿道场
442	魏帝登道坛受符箓
448	魏道士寇谦之卒
491	魏移道坛于洛外，改为崇虚寺
504	梁武帝舍道教归佛教
505	邵陵王舍道教归佛教
517	梁废天下道观道士
520	魏使佛道二教门人于禁中对论
539	梁道士袁敢矜起乱伏诛
555	北齐废道教
573	北周定三教位次，儒为先、道次之、佛为后
574	北周废佛道二教毁经像使沙门、道士二百余万还俗
579	北周许立佛像、天尊像
580	北周复佛道二教
583	隋帝幸道坛见老子化胡像怪之，使沙门道士论其本
592	道士李士谦卒
600	毁佛像天尊像者以大逆不道论

五、陵墓

与六朝陵墓有关的史料很少，遗迹也很少，所以对其规制、形式等方面的研究进行得并不容易。目前被发现的只有南朝梁宋

时期的陵墓遗址，至于齐、陈、隋各代陵墓的情况，可以说是一
无所知。同样，我们也不了解北朝时期的陵墓，只知道在今山西
大同，也就是北魏国都平城的东北郊建有北魏陵墓，但真假尚不
确定。在洛阳的存古阁中，人们发现了一枚神道石柱的残片，但
石柱的全貌不得而知。在这里，我们将针对梁代陵墓做些探讨，
但不会就此来推断六朝各代陵墓的情况。

我对梁代陵墓做过很多研究，并将做研究时的陵墓布局绘制成
图（如图 3-50 所示）。在《石索》中，我们也能看到与梁代萧侍
中的神道石柱有关的图文，现将文字摘录于此：

> 梁萧侍中神道石柱题额，在江宁府朝阳门外三十里花林田
> 间。南向，额如牌匾，四周有莲枝花纹，高二尺，阔四尺。中刻"梁
> 故侍中中抚将军开府仪同三司吴平忠侯萧公之神道"，字径三
> 寸，反书。石柱高二丈，周围八尺梁武帝普通四年，萧景为安
> 西将军、郢州刺史，卒谥曰忠。史作中抚军，盖脱一"将"字耳。
> 其字反刻，欲正面之内向也。其柱用一已变石阙之制矣。

在《六朝事迹编类卷》的第十三部分中也有相关记述：

> 《南史》梁吴平忠侯萧景字照，谥曰忠，墓在花林之北，
> 有石麒麟二，石柱一……

不难看出，神道石柱的形式是相当罕见的。石柱上嵌有题额；

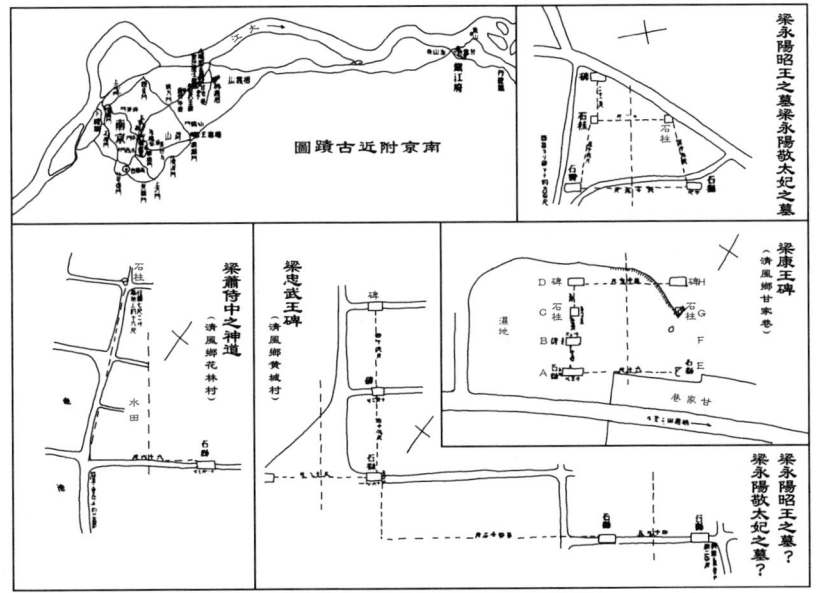

图 3-50　梁陵墓平面图

　　铭文上的字都是反着刻的，理由是为了让文字向内；摒弃了双柱结构而采用了单柱结构，这便颠覆古代石阙的形式。

　　我在明治四十年[1]十月前往现场对石柱进行了考察，结果显示，《石索》的记载并不正确。在这里，我们先来了解下这座梁代陵墓的规模及其中的石柱、石兽的情形，再言其他。

　　这座梁代陵墓位于南京太平门外大约三十五里处的花林（也被称为花岭）中，花林直通栖霞山栈道。在街道左侧大概三百二十尺的地方立有一座基石柱（如图 3-51 所示），于石柱向前一百一十

---

[1]　即一九〇七年。

尺左右，向右六十六尺左右的地方可见一座石狮[1]，其下部已没入土中（如图 3-52 所示）。周围再没有别的建筑。在石柱后方三百多尺的地方可见一处坟丘状的遗迹。

柱础已经被掩埋，地上可见的柱体部分并不是光滑圆润的，而是采用了类似于梭杀的工艺；柱体的直径为二尺三寸一分，周长为七尺四寸；从地面向上至六尺九寸的地方，共有二十四道竖凹槽，这种工艺起源于希腊多立克柱式；石柱柱体未见凸肚式结构；竖凹槽上刻有环绕的带状纹饰，带纹宽度为四寸，表面刻有双龙相交图案的浮雕。竖凹槽上方区域内刻有宽度为三寸八分的带纹，再往上的区域内有一个刻有神兽图案的石台，这个石台是用来支撑题额的。题额的高度为二尺二寸二分，宽度为三尺二寸，厚度为八寸，四周

图 3-51　萧侍中神道石柱

图 3-52　萧侍中神道石辟邪

---

[1]　实为石辟邪，以下神道石狮皆为石辟邪，不赘。

轮廓宽一寸六分；题额上刻着典型的六朝忍冬花纹，较厚的地方还刻有人像和花纹，人像看起来颇为精妙，花纹则为毛雕[1]。铭文上的字都是反向书写的，这应该是为了与当初建在右侧几十尺处的另一座石柱相对应，而不是单纯的无聊之举。这种相对而书的工艺视具体情况的不同而形式各异，但不外乎一方为正字，一方为反字。就我个人来说，见过的实例不下三种：

第一种：右方正字左书，左方反字右书
实例：江苏南京梁萧侍中神道石柱

第二种：右方反字左书，左方正字右书
实例：江苏丹阳太祖文皇帝神道石柱

第三种：左右都用正字，右方左书，左方右书
实例：江苏句容梁南康简王神道石柱

其形式如下：

---

[1]　金银平脱雕刻技法。

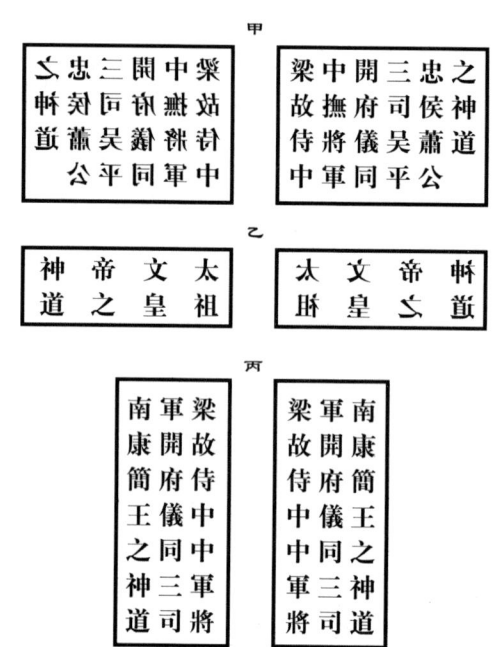

　　石柱上部并没有出现竖凹槽，取而代之的是细小的芝麻壳图案；顶部覆有斗笠形的石盖，目测其直径为四尺六寸左右，高度为一尺八九寸。石盖轮廓如同一只扁钟，表面覆有莲花纹，花瓣有十八片。石盖顶部立着一只挺胸垂尾、张牙吐舌的石狮，其高度大概有二尺五寸，长约三尺。从地面至石狮头顶的高度在十六尺五寸左右，这和《石索》中的记载"高二丈"大致相符。

　　矗立在石柱前方右侧的石狮（如前图3-52所示）应该是当初所建的一对石兽中的一个。在它左面六十六尺左右，也就是在石柱前方左侧一百一十尺左右的地方，我发现了另一座石狮的残迹，也就是被掩埋在地下的那一部分。右侧石狮的工艺和顶部石狮相同，长度为十一尺五寸，宽度为五尺，地上部分的高度为六尺。我想强调的是，它还有一对翅膀，也就是说它是翼狮。翼狮这种造型常见于西亚地区，尤其是巴比伦、亚述、波斯等地，散见于印度，在龙门石窟等中国各地也都不难见到。无疑，这是从西亚地区传到中国来的工艺。

那么，石柱这种建筑又是从哪里传入中国的呢？我目前的看法是，石柱应该属于印度建筑。在印度，自阿育王时代起，佛教建筑一直兴盛不衰，随着窣堵波出现得越来越多，人们从它身上得到了启发，创造出了石柱。印度石柱大多都比较高，圆柱顶部为波斯式钟形柱头，柱头上有神兽、轮宝等纹饰，而用得最多的神兽就是狮子。应该说，萧侍中的神道石柱具备印度石柱的性质，而不应该将其视为汉代石阙的变形。关于这一点，我们将在后文"六朝建筑的性质"一章中加以说明。

沿着栖霞山栈道，从萧侍中墓到黄城村只有不到二里的脚程，村道左侧有座梁忠武王墓[1]。始兴忠武王是梁武帝的第十一个儿子，逝于梁武帝普通三年。我前去考察这座墓的时候，首先映入眼帘的是一对相距大约五十九尺、相对而立的石狮。右侧石狮保存基本完整，其长度为十尺六寸，宽度为五尺七寸；左侧石狮仅剩残迹。在后方四十九尺处，相对而立着一对带龟趺的石碑。左侧石碑已不

---

[1]　现属栖霞镇新合村甘家巷。

知其影踪，右侧石碑的龟趺也半没土中。幸而碑体保存完整，其高度为十五尺，厚度为一尺，龟趺的长度为十尺五寸。这座石碑既独特又壮观，尤其是在它的上部竟开有圆形空洞，也就是穿，这是很值得研究的。题额刻有铭文"梁故侍中司徒骠骑将军始兴忠武王碑"（如图3-53所示）。在这座碑后方四十九尺的地方，还留着一对石碑的残迹。右侧石碑只剩下没入土中的龟趺部分，碑体已不知去向；左侧石碑则已全毁。在这里，我没有看见神道石柱。由此可见，在萧侍中墓的石狮与石柱之间，原本也是有石碑的。

在忠武王墓右方约一百四十二尺的地方还有一座墓，但仅存石狮一对，此外别无他物。两座石狮的足部均已被掩埋，地上部分的高度为十尺左右，长度为十一尺，宽度为五尺五寸，间距为四十九尺。这是谁的墓，实难考证，据估计可能是梁代永阳昭王的墓，也可能是永

图3-53　忠武王神道石碑

阳敬太妃的墓[1]。

　　从这里沿着栖霞山栈道再走上大概一里路便到了甘家巷，在居民住宅的后方，一条道路的左侧留存有梁安成康王墓。这是一座保存相对完好的墓，对我们研究六朝陵墓的规制很有帮助。如图 3-50 所示，A、E 为相对而立的石狮，几乎完全裸露在外。图 3-54 所示的就是 A 狮，其长度为十三尺，胸部宽度为五尺，自地面至头顶的

图 3-54　安成康王神道石狮

---

[1]　萧恢墓，石辟邪现已修复。

高度为十三尺，体积算是很大的了。图 3-50 中的 B、F 为相对而立
的石碑，B 仅存龟趺而无碑体，F 也一样。龟趺已有一半被掩埋。
C、G 同为石碑，C 的石盖，以及顶部石狮已不在，G 仅存台石，而
且台石已被掩埋大半。在这些遗迹的印证下，我们对萧侍中墓中石
柱所缺失的部分就更清楚了。

梁安成康王墓中的石柱大概是这样营造的：在地上放两层磐
石，下层磐石的边长为五尺六寸五分，高度为五寸；上层磐石的边
长尾四尺六寸角，高度为一尺三寸。在磐石上放双兽台，也就是由
一对神兽构成的石台；双兽台的高度为一尺三寸，呈圆形，直径和
上层磐石边长大致一样。在双兽台上立石柱，石柱的周长为七尺，
高度为八尺二寸，柱体上有二十道竖凹槽。在高约一尺五寸的石柱
上部刻有纹饰，再往上即为题额，其宽度大概是二尺七寸。顶部已
残缺不全，不过我们可以根据萧侍中墓中的立柱来推断出它的造型。

D、H 为石碑，完全完好，不过铭文与纹饰都很模糊；石碑的
高度为十五尺，厚度为一尺九寸；龟趺的长度为十尺，宽度为五尺，
高度为三尺八寸，含台高八寸。I 是 G 顶部的小石狮，掉落在地，
并已被掩埋了大半。需要强调的是，石狮、石碑和石柱于两侧的排
列方式并不是整齐的纵队，而是前宽后窄的形式。这是六朝陵墓的
重要规制，不得不说，古人真的是用心良苦。

再往前走便到了一个岔路口，左右分别为栖霞山路与镇江路。
向左走，沿着镇江路前行，不多时便到了药师庵，这里距离甘家巷
只有二里左右。从药师庵向左拐弯，再走上大概半里路，便能见到
一座梁代陵墓。和前面几座陵墓一样，这里也有石狮一对，间距为

六十九尺，狮身长度为十尺，宽度为五尺，地上部分高度为八尺左右。在后方三十九尺处有石柱一对，间距为四十二尺，只剩下台石。石狮、石柱左右纵向排列为八字形，后方变得很窄，看起来确实很奇特。在石柱后方二十二尺的地方最初立有石碑一对，痕迹依稀可辨，只是左侧石碑只剩下了龟趺，而右侧石碑全都不见了。关于这座墓的主人，尚无法确定。不过，若是要和忠武王墓右方的墓构成某种对应关系的话，那么这座墓要么是梁代永阳昭王的墓，要么是永阳敬太妃的墓。

从刚才的岔路口向右转，沿着栖霞山路走上一小段，便能在右侧看到一对石块，尚不能确定它们原本是石碑还是石柱。据说这是齐代侍中尚书令丞相巴东献武公的墓，倘若是真的，那它应该是迄今为止所发现的唯一的齐代陵墓了，很是值得好好研究一番。

在南京的外城之外，仙鹤门和与麒麟门的中间地带，保存着梁靖惠王之墓。进入墓地后看到其左侧石狮是残缺的，这部分石块已经掉落在地，而且被掩埋了一半。右侧石狮已不见踪影。石狮的长度为十一尺，高度为九尺二寸。在其后方大约三百〇六尺的地方立有一对石柱，左侧石柱侧柱已经倒塌，右侧石柱石盖以上部分已经消失，不过柱体仍然是耸立在原处（如见图 3-56 所示）。就工艺而言，这对石柱的工艺与安成康王墓中的石柱（如图 3-55）大致相同。柱体的竖凹槽为二十八道，题额的宽度为四尺九寸，高度为高一尺九寸，厚度为一尺。自最下部的盘底至顶部石顶盖，盖下沿高约有二十尺一寸。在石柱后方十四尺八寸处立有一对石碑，其间距为五十九尺五寸。右侧石碑无残缺，完全保存。龟趺露出显于地

图 3-55　靖惠王神道石柱

图 3-56　安成康王神道石柱

上的部分高一尺四寸，碑体的高度为十四尺五寸，宽度为五尺三寸
五分，厚度为一尺三寸。碑的工艺和形式与忠武王墓中石之碑别无
二致。在碑后方约一千二百尺左右处可见一小丘，应该就是坟丘了。
靖惠王是梁文帝的第六个儿子，铭文有记身份为"假钺侍中大将军
扬州牧临川靖惠王"。

　　除了上述实例之外，史料中还记载有许多其他例子，不过那些
都还没有被发掘出来。根据文献还有不少遗例，但尚未被介绍于世。
最近建筑史学家关野贞博士又前往丹阳、句容附近做了些考察，并
有了许多新的发现，将来会逐一公之于世。总之，根据以上实例，
尽管梁代陵墓中的建筑细节多少有些不同，但规制却相差无几，由
此也可以推断宋、齐、陈各朝的陵墓规制可能也是如此，只是工艺

上多少有些差异而已。

至于北朝陵墓的规制,尽管还没有发掘出保存完好的遗址,但我们能从洛阳存古阁所藏的一座石柱的残片(如图 3-57 所示)中窥见一二。从残片来看,这座石柱的柱体竖凹槽上刻有带纹,上方有题额,题额上的铭文有残缺,虽然看不出全文,不过"齐故散骑□侍骠骑将军南阳堵阳韩□□□神道"的字样依稀可辨。于是,我

图 3-57 洛阳存古阁石柱断片

们知道了齐的国号及南阳、堵阳等地名,由此看来,它的确是北朝文物。堵阳这座古城位于今河南南部,在洛阳东南外大约一百六十里的地方,最初属于魏国,而后纳入北齐管辖。所以,毫无疑问,这座石柱原本立在堵阳周边,后来才被搬到了洛阳珍藏。也有人认为它的建筑形式可能是从南朝陵墓演变而来的,铭文中的"齐"指的正是南朝的齐,所以这座"韩□□□神道"原本是在南方的,那么,它是在什么时候被搬到洛阳的呢?要证明这座石柱是南朝文物,就得对南北方陵墓的规制做出区别。从这

些断片所透露出的线索来看，南北方陵墓的规制大体上是一样的。
至于周代、汉代的陵墓规制是怎么演变为六朝陵墓规制的，目前还
有待考证。不过可以确定的是，西方工艺、印度工艺及佛教的传入，
是推动六朝陵墓细部工艺变化的重要驱动力之一。

六、纹饰

与建筑工艺一样，六朝建筑的纹饰也可以被分作两大系统：中
国传统纹饰和西方外来纹饰。传统纹饰沿袭自周汉纹饰，基于阴阳
五行学说，寓意吉祥，其种类、构图及表现方法等方面的情况，我
们在前文中已经做过简单的介绍。外来纹饰随佛教传入中国，带有
明显的印度风格和西亚风格，对中国来说是新式的纹饰。不同于周
汉纹饰的僵硬风格，新式纹饰是生动流畅、自由自在的。在这里，
我将对外来纹饰的种类加以说明。

我们可以将纹饰大致分为两大类：自然物类和人工物类。自然
物类包括动物纹、植物纹和天文地理纹；人工物类中包括几何纹、
人事纹、文字纹等等。这是比较普遍的划分方法，按照这种方法来
阐释六朝纹饰是件很难的事。所以我们主要就建筑纹饰进行说明，
实例主要选自上述各石窟和墓石等。

常见的动物纹主要有龙纹、凤纹、灵鸟纹、狮纹及神兽纹。龙
纹和凤纹属于中国传统纹饰，龙纹起源于东汉时期，凤纹则起源于
周代，两者都自六朝时期起被逐渐完整。相较于东汉石阙上的龙纹，
我们在许多石窟的拱券内轮上、梁代石柱的横向带纹上、石碑螭首

处等看到的龙纹已经有了飞跃性的发展，无论是线条还是笔法都更具活力，龙威顿生，四肢锐利，工艺已相当纯熟。凤纹以及灵鸟纹更多出现在云冈石窟、龙门石窟等石窟的券脚、佛像背光、建筑顶部等地方，由于不用像龙纹那样刻意表达天生神力，因此相较于周汉纹饰，它们的手法更加变化自如。

狮子这种造型，作为纹饰，大多出现在石窟佛龛柱础及墓志铭下方；作为独立的雕塑，常常被立在梁代石柱顶部、梁代陵墓的神道，即墓道入口作为仪饰与石柱同立。在东汉时期，狮子的造型更偏写实，面部柔和，到了六朝时期，大部分造型都刚猛起来，面容怪异，姿态夸张，不再像东汉造型那样质朴。更重要的是带有一对翅膀翼狮。如前文所述，翼狮造型起源于西亚地区。梁代萧侍中墓里的翼狮昂首挺胸、前肢外伸、反身吐舌、目视前方，线条刚劲有力，世间罕见，是极其珍贵的文物，也是中国独一无二的瑰宝。

如我们所知，梁代神道石柱的台上刻有神兽，其原型是什么并不清楚，其柔和的线条与弯曲的身体相辅相成，高贵之气油然而生，令人赞叹。在敦煌石窟的壁画中，有一种经过巧妙处理的马的图案，看似简单却精髓尽显，用笔轻轻一带便画出了动静相宜的神韵，其手法之精妙，实在可叹。

几乎所有的植物纹都是从西亚地区传入的，它们占了六朝时期建筑纹饰中至关重要地位，而且基本上都属于忍冬藤草纹及其变形系统。忍冬藤草纹与日本飞鸟时代流行常用的特殊藤草纹，即所谓的飞鸟唐草纹完全属于同一类型。有关这种忍冬藤草纹起源和发达，我曾经发表过二三篇小论文，在这里就不做赘述了。但为了使其系统一目了然，我将附上先前所绘制的系统略图（见图 3-58 所示）。只是这幅图很粗略，需要做一些修订，为此，我也又收集了一些资料。遗憾的是，我还来不及将那些资料整理出来放进这本书里，深感遗憾。

众所周知，日本的飞鸟唐草纹，或者说在中国的应该是被叫作六朝藤草纹。其渊源远在埃及和亚述，最终在希腊得以大成，这已为众所周知。在随着希腊文化向东发展的同时，这种纹饰的东进，这种藤草先是传入了中亚地区，继而进入中国。这种已得到公认的观点由来已久。这种说法很久以前就已被普遍承认，不过还有问题始终未得到解决。但是，我们今天仍有一个疑问不能释然。为什么藤草纹会在六朝期间如此盛行，几乎随处可见？有很大势力，几乎被用于所有的物件，那么这又是出于何种缘故呢？建筑、佛像、碑碣，以及还有其他金石等物品等毋庸赘言，就连花、云、火焰等图案之类中都用了这种藤草纹及其变形的变化形态，甚至连衣服的轮廓线也用了这种藤草纹。它为什么会这么流行，何以兴旺至此？如果想认定这是受到了来自西亚文化的影响，那么为何在中亚以西的地区，我们看不到这么多的藤草纹，也看不到上述那样的使用方式呢？又见不到如此使用或者说滥用藤草的事实呢？犍陀罗以及中印度地区，类似的情况也很少出现。要不然，也没有太多的实例。或者可以说藤草纹在中国的发展是得益于是进入中国以后，受到汉族及五胡的偏爱喜爱，才能够如此地得以发展，可是汉族及五胡又为何会如此偏爱喜爱这种藤草纹呢？这个问题困扰了我们很久，而我

图 3-58　各种忍冬藤草纹样

们却始终找不到答案。这就是我们很想搞清却又搞不清楚的问题。

　　我之前曾经有一种直觉认为，这种六朝藤草纹与和萨珊朝波斯的忍冬藤草纹在气质上很相近，因此便奔赴波斯对忍冬藤草纹做了一番考察。在波斯，这类纹饰主要出现在染织品上，建筑上的遗址遗品极少，或者说，在建筑中，这种纹饰与其内外的装饰品一起绝迹了。收集工作开展得很不顺利，我的考察也没能达到预期。犍陀罗的艺术品中，这种繁盛于六朝的纹饰也极为少见，不足以说明与中国之间的联系。中印度地区的状况就更令人沮丧了。没想到的是，我在拜占庭建筑中看到了类似的纹饰。就这样，六朝藤草纹的出处仍然是个不解之谜。

　　总之，藤草纹在六朝时期应用得极为广泛，而且变幻无穷，令人难以捉摸。要收集大量的实例，进行分类解析并一一说明，绝非一日之功。我们只从以下两三个实例中，看出藤草纹在六朝时期的应用范围及普及程度。图 3-59 所示是藏于东京帝国大学文学部的六朝石枕，其表面的藤草纹为阳刻，是最传统的形式，常见于印度拱券内轮上、佛像背光处及佛龛的上部。图 3-60 所示是龙门石窟中宾阳洞内的本尊造像，背光上刻有复杂的藤草纹，初看不太像是六朝藤草纹，但细细看来却可知那的确是六朝藤草纹，只不

图 3-59　六朝时代的石枕

过复杂程度更甚。这样的实例还常常出现在云冈石窟中。如图 3-61 和图 3-62 所示，北响堂山石窟中的拱券上也刻有藤草纹，但形式又发生了变化，花瓣显得厚重了许多，尖锐感由此而被削弱，丰润雅致之气油然而生。不过，这毕竟是隋代文物，其气韵和六朝文物还是有分别的。尽管如此，我们也不能否认，随着时代的发展，无论是形式还是意趣都会发生变化，唯一不变的是那遁隐于后世风范中的风味。

综上所述，六朝时期的植物纹大都属于藤草纹系统，或传统，或变化多端，不过也有几种植物纹是独立于外的，只是来路不明，我们就暂且不论了。与天文地理有关纹饰包括云纹和山纹等。几何纹包括几何化的花纹、锯齿纹、卍系等。人事纹包括纹饰化的人像等，在性质上更贴近于绘画。无奈做不到一一详述，不过值得一提的是，在云冈石窟、龙门石窟及日本法隆寺的栏杆上都出现了由卍纹的演变而来的格状纹饰，而且基本上一模一样。

图 3-60　龙门宾阳洞的佛像

图 3-61　北响堂山第一窟的纹样

图 3-62　北响堂山第二窟的纹样

图 3-63　北响堂山第一窟　　　　　图 3-64　北响堂山第一窟

最后，我们要对特例，即汉代纹饰的六朝化做出说明。图 3-63
与图 3-64 所示的是北响堂山石窟第一窟南面石碑上的纹饰。第一
窟是隋代石窟略带唐风。石碑上部为典型的六朝天盖造型，下方的
整个碑面上满是由鬼纹、龙纹所构成的错综复杂的纹饰，构思和工
艺都尽显雄浑之气。这种题材的纹饰最早出现于周汉时期，但在这
里却完全不像前朝那样僵硬，不仅动感十足，而且每一处线条都蕴
含着六朝风格，满眼尽是藤草纹的化身。与此同时，碑碣上的螭首

也是类似的造型。关于碑碣的由来与发展，需要独立出来另做讨论，在这里姑且不谈。我们曾在汉代叠纹上看到些许试图向龙形转化的蛛丝马迹，不过到了六朝时期，却一下子变为螭首；石碑也全都使用了龟趺。关于这一点，请参见前文陵墓部分。

七、建筑性质

概述

六朝建筑开创了中国建筑史上的新纪元，它既是中国传统建筑的继承者，又是西方建筑和佛教建筑在中国的先驱者。六朝建筑在中国建筑史中的地位可谓首屈一指，不仅如此，它还是中国古建筑中最具吸引力的。除了建筑史，它在美术史、工艺史上的重要性也不可小觑。至于它最原始的风貌，研究者们始终各执己见，难下定论。究其原因是所涉及的国家实在太多，相关的史料又实在太少，所以很难理清楚各种外来的艺术形式和中国的关系。

研究者们对那些在六朝时期与中国有往来的西方国家的历史及遗迹做过很多考察并在过去的三十多年里收获颇丰，尤其是新疆的考察有了重大的发现。下表所列的是世界大战 [1] 结束前的一系列重要的探险活动：

---

[1] 指第一次世界大战。

探险者	地点	年代
［英］鲍威尔（Bower）	库车（龟兹）	1890
［英］霍恩雷（Hoernle）	库车附近	1893
［俄］克来门兹（Kremonz）	吐鲁番	1898
［英］斯坦因（Stein）	于阗	1900～1901
［俄］拉德洛夫（Radloff）	——	1901
［德］格伦威德尔（Grünwedel）	吐鲁番、库车	1902
［德］勒柯克（Le Coq）	塔里木河流域	1904～1906
［英］斯坦因（Stein）	敦煌	1906～1908
［法］伯希和（Pelliot）	敦煌	1906
［日］大谷光瑞	塔里木河流域	1902～1914
［俄］奥登堡（Oldenburg）	——	1909～1910
［德］勒柯克（Le Coq）		1912
［英］斯坦因（Stein）	新疆帕米尔地区	1913～1916

　　上述各地所发掘出的遗址大部分都是唐代之后的古迹，六朝遗址极为罕见。不过这已足以反映出当地文化的性质，如果结合历史文献，定能找出六朝艺术的真相。

　　除此之外，对西亚地区及印度的研究也大有收获，基于这一系列研究结果，我们对六朝艺术渊源的探究势必也会越来越深入。截至目前，研究者们普遍认为，六朝艺术的主要元素要么源自中印度，要么源自犍陀罗的大月氏，这就意味着，在突厥附近必然存在着一些小国家，这些国家无疑就是文化传播的通道。这种说法当然没有错，只是还不够全面。就拿云冈石窟内的佛像来说，既有人认为那是印度笈多时代的工艺，也有人认为那是犍陀罗的雕刻工艺，然而谁也没能说服谁。接下来，我打算略抒己见。作为一种尝试，我自然希望能得到世人的欣赏，不过我也知道，这样的尝试难免会有不完善之处，也难免会受到质疑。

当代中西亚地区的艺术

在发表个人观点之前，我需要对当时中国周边地区的情况加以介绍。当然，想要做出详尽阐释是极为艰难的，恐怕连东方史学家都只能望洋兴叹，就更别提我这样的门外汉了。所以在这里，我的论述只针对中西亚文化史上的几个重要国家及其建筑，譬如窣堵波。

先来看看十六国时期的羌氏。羌之姚氏建立了后秦，定都长安；氐之苻氏建立了前秦，也定都长安。吕光建立了后凉，定都姑臧[1]；李雄建立了成汉，定都成都。他们原本生活在今甘肃西部乃至青海而远及西藏，曾涉足中原并参与了争霸。无奈我才疏学浅，不太了解西藏地区的传统文化，只知道当时生活在那里的民族素来被中原人士称为西戎，并以勇猛著称。那里多山，山中多矿，特别是昆仑山盛产美玉，自从流入了中原，中国便有了"玉出昆岗"的说法。虽然地势险峻，好在没有沙漠，平原地区大多种植有蔬菜，畜牧业自然十分发达；至于文化，也不乏可圈可点之处。那些选择从塔克拉玛干沙漠南路前往中国的西域人士，必然会经过西藏北部。在到达长安之前，他们先要接触藏族文化，而不是中原文化，而佛教在藏族部落备受推崇。关于这一点，我们在前文中已有提及。

自古以来，玉门关外曾建有大大小小好几十个国家，名载史册的主要有龟兹、高昌、焉耆、鄯善、于阗、疏勒等，基本上都位于

---

[1]　今甘肃武威。

通往印度及西亚地区的走廊上。如今，人们时常在这一区域内发掘出重要的遗迹，大多与佛教有关。由此可见，这里在过去绝非文化荒漠，而且人们笃信佛教，甚为虔诚。

葱岭（也就是现在的帕米尔高原）以西现属俄国（今属塔吉克斯坦），在六朝前半叶时，这里的大部分土地都属于大月氏。在当时，大月氏堪称大国，首都为犍陀罗的布楼沙补罗，疆域远及中印度恒河流域，文化成就与艺术造诣天下闻名，曾被称作希腊印度式、希腊佛教式等。在六朝后半叶时，大月氏为嚈哒所灭，而嚈哒曾多次派使者前往北朝朝见。

安息位于突厥西南角、面朝里海东南角处。在六朝时期，安息是一个佛教国家，自汉代起就和中国多有往来。安息，也被称为帕提亚，据记载建立于公元前二五〇年（周惠王六年），在公元二二六年（蜀建兴四年）被萨珊朝波斯征服。不过，其首都希卡托比罗斯（Hekatompylos），也就是和椟城并没有被侵占。直至六朝末期。这或许是因为它的版图实在太庞大，所以就算被波斯打败，也能保有一部分国土。帕提亚艺术隶属于罗马艺术，只是略带希腊风格。关于这一点，最好的证明来自美索不达米亚平原上的哈特拉古城（Al-Hadhr）和瓦尔卡（Warka）遗址。不过，我们还不敢断言自汉代开始便与中国互通有无的安息给中国带来了罗马文化。这种说法虽然合理，但目前还缺乏有力的证据。

萨珊朝波斯和中国的关系向来也颇为亲密，尤其是到了唐代，这种关系变得至关重要。在六朝时期，波斯也曾几度派使者前来朝见。波斯建筑造型奇特，既继承了阿契美尼德王朝的传统工艺，又吸收了罗马风尚，而后又大大地影响了拜占庭建筑，这是不争的事实。另一个事实是，波斯纹饰不仅极具想象力，而且拥有超高艺术水平。显而易见，波斯对中国的影响是极其深远的。另外，拜占庭的文化艺术造诣也是举世闻名，事实证明，它对中国的影响也是不可忽视的。

再来了解下印度的情况。当时，在五天竺之间还有许多其他国家，不过在这里很难一一道来，暂且只选择其中几国略作介绍。在北印度，较为繁盛的要数笈多，在其国内，佛教正值全盛时期。西北面的大月氏已开始走下坡路，时常遭受笈多的压制。到了五世纪末叶，笈多逐渐颓败并最终消亡。不过，笈多的传统文化艺术并未随之消失，并保留着希腊印度式的特色。在不同的时代，罽宾的所在之地多有变迁，不过基本上都在当下的迦湿弥罗地区。迦湿弥罗地区过去属于全盛时期的大月氏，由此可见，罽宾文化必定与大月氏文化一脉相承。当然，罽宾文化也有自己的独特之处，带有明显的泰西古典风格，这一点可参见其七八世纪时的文物。在南印度地区，达罗毗荼人已建立起诸多王国，但据估计，其当时的文化艺术造诣还没有达到自成一派，被称作达罗毗荼艺术的程度。狮子国，也就是锡兰，首都在阿努拉德普勒，当时其佛教艺术已攀至高峰，就性质而言，和中印度地区十分接近。

东南亚方面，大体为今缅甸地区的骠国，暹罗地区的扶南，安南地区的林邑，这几国的文化艺术都源于印度，所以其建筑多为佛教建筑和印度建筑。无疑，中国南方的建筑风格深受它们的影响。

如上文所述，我们已经了解了对中国西部及南部艺术有所影响的各国文化，也了解了这些文化的载体，即建筑及其工艺对六朝建筑施加影响的路径。我们希望能由此探明六朝建筑的真实面貌，然而事情并没有那么简单。接下来，我将阐述一己之见，尽管做不到太详尽，但希望能帮助大家进一步了解六朝建筑。

对六朝建筑的分析

要明确了解六朝建筑的来龙去脉，就必须找出它的主要元素，因此，我们对诸多六朝遗址及文物的形式、工艺、纹饰等进行了详细的考察与解析。虽然研究结果不尽人意，但总体方向是没错的。待到日后材料更加丰富，技术更加全面之时，我们再回过头来更正谬误，完善不足，并对本书做出修订。目前，我们的研究结果大致如下。

六朝建筑中最为常见的形式源自汉代，基本上是百分之百，不过细部工艺却带有异国色彩。例如嵩岳寺的塔，其第一层各壁面上的佛龛采用的是印度拱券。当然，那并不是传统的印度拱券，而是中国化的印度拱券。佛龛的柱子所采用的也不是中国工艺，而是波斯工艺。纹饰则蔓延着强烈的印度风格和西域色彩。

石窟的情况正好相反，西方元素明显多于中国元素。石窟，本质上来说就是在岩壁上修建寺院，而这显然不是中国建筑的传统形式。大约在公元前二〇〇年前后，这种营造方式开始风行于印度，截至六朝时期，已存世好几百年，名气最大的当属阿旃陀、埃洛拉、纳西克等，而其他大大小小的此类建筑则数不胜数。不可否认，中国石窟深受其影响。不过，在中国，很早就有了窑洞之类的住宅，常见于植被稀少的地区，因为它具有冬暖夏凉的特点。从这个角度来说，中国石窟或许可以被认为是从窑洞演变而来的。然而，无论是儒家建筑、道教建筑，还是宫殿类建筑，都从未采用过石窟这种形式的构造，只有佛教建筑如此特立独行。这足以说明，石窟是从西域传入中国的。凿于丘陵山腰处，排列整齐划一，绵延不断百千尺，这种形式和我们在印度所见到的实例毫无二致。

中国石窟内部的规制和印度石窟不完全相同，有时候极为接近，有时候差别明显。简单来说，印度石窟一开始是僧人的住处，后来才被用作佛殿，不过后来的石窟有时候也会保留几窟用作僧房。中国石窟从一开始就是佛殿，还没有发现用作僧房的情况。相较而言，印度石窟规模更大，建筑性质更强；中国石窟大多规模较小，建筑性质较弱。不过，就雕刻水平和绘画水平而言，中国石窟远高于印度石窟，这是十分重要的一点。

在这里，我们无法对佛像的雕刻形式进行详述，不过就六朝佛像来说，形式已大体确定，而且也备受时人认可。不过细细看来，所谓定式又可分为以下三种类型：第一种是犍陀罗式；第二种是中印度式，或者说笈多式；第三种是中国式。这三种类型在云冈石窟和龙门石窟中皆有出现。依照学者松本文三郎的观点，云冈石窟中的佛像都是笈多式，没有犍陀罗式；在建筑史学家关野贞看来，云冈石窟中不是没有犍陀罗式，只是表现轻微。而这两个观点，我都不太认同。

现在我们要谈论的是中国石窟的手法。首先来看看源于印度建筑的拱券。中国石窟中的拱券种类颇多，但大部分都是印度拱券，其外轮顶部刻有连贯的双曲线，内轮顶部则刻有近似于椭圆状的单曲线，内外两轮的曲线朝两端方向彼此接近，在末端处相交并向外卷呈旋涡状，这一部分常常会被雕刻成花纹、龙纹或凤纹。在内外两轮之间刻有花纹或飞天图案，这种手法并非源自印度，而是西亚。有的会刻有并列的花纹，或者并列的小佛像，这种就是印度风格了。拱券上方为半球覆钵造型，正如我们在北响堂山石窟中所见的那样。球形覆钵造型常见于西亚、波斯、印度等地，后传入中国；最合理的解释是自印度传入。立柱工艺透露出了明显的印度风格，柱础下部有狮像，顶部为印度钟形结构或古波斯钟形结构，其上叠放着一层厚盘，这是典型的印度工艺。不过，如果认为它演变自敦煌石窟和云冈石窟中那种近似鼓形的结花，那么事情就变得复杂了。这种把鼓形结花工艺放在柱体中间的构思真是妙趣横生，但在印度和西亚地区却不曾出现过。另外，毫无疑问，以小人像为柱体并下放狮像这一工艺常见于印度。凸肚式的立柱很少，但我们在云冈石窟中看到过一种粗粗笨笨、略带凸肚性质的立柱，究其由来，理应为希腊工艺。

在龙门石窟中，出现于佛龛下部的石栏纹饰也是印度工艺。在地袱和寻杖之间，有两柱，以小立佛代替格子，设计非常巧妙，实在是对印度工艺的精妙应用。

值得一提的犍陀罗工艺出人意料的少之又少。幸而能看到的一些都出现在了十分重要的地方，那便是梯形拱券和梯形楣。众所周知，在犍陀罗建筑中，梯形拱券总是被翻来覆去地大量运用，而我们在六朝石窟，尤其是云冈石窟和龙门石窟中，也看到了大量的梯形拱券。不过，就工艺而言，二者存在许多差别。犍陀罗的工艺是将泰西古典拱券的水平梁变成梯形，六朝的工艺是将梯形带适度分割为若干小格，并内覆雕饰。毋庸置疑，六朝石窟中的梯形拱券是犍陀罗梯形拱券的变形。

不得不说，中国建筑的纹饰多多少少也受到了波斯文化的影响，不过这种影响要在唐代之后才会明显地表现出来。

要说从古典文化中走出来的工艺，那么不能不提云冈石窟中的爱奥尼克式柱头和科林斯式柱头。尽管还不确定知道它们是从什么地方，通过何种路径来到的中国，不过要说它们是从犍陀罗传入的，大概也没什么不妥，毕竟，人们已在犍陀罗的塔克西拉发掘出了最正统的爱奥尼克柱式柱头，至于科林斯柱式柱头，在犍陀罗就更常见了。唯一让人觉得有些疑惑的是，那些位于犍陀罗与云冈石窟之间的石窟遗址或佛寺遗址，为什么没有出现过这种古典柱头。或许在未来的某一天，人们会在中亚地区的某个角落里看到它们的身影。不过，犍陀罗柱头、科林斯式柱头和云冈石窟中的柱头，在形式上存在着明显差异，那么，这又该怎么去解释？针对这一问题，我做了进一步的研究，最终在拜占庭建筑的断片（伊斯坦布尔博物馆所藏）中看到了和云冈石窟中科林斯式柱头极其相似的工艺。由此可见，云冈石窟的工艺起源于东罗马，后经波斯、安息、突厥传入中国。曾有人提出，云冈石窟中所发现的科林斯式柱头缺乏作为柱头应有的实用性，不过我觉得柱头就是柱头，即便与众不同，也不必追根究底，只需关注柱头上的毛茛叶纹或忍冬藤草纹就好了。

在梁代神道石柱身上我们看到了竖凹槽，而这种在立柱上刻竖凹槽的工艺在龙门石窟中也有出现，那么，它是从什么地方传入中原腹地的呢？南朝的佛教艺术最初来源于北方，而后来源于印度，那么，它是经北方而来的，还是经南方而来的，的确令人不解。六七世纪时，印度罽宾的祠堂便开始使用这种工艺。后来，印度的其他建筑中也有了它的身影。五世纪左右，中印度开始采用这一工艺，例如阿旃陀石窟。晚些时候，南印度也开始出现这样的工艺。由此可见，梁代神道石柱的工艺既有可能源自罽宾，也就是说经北方传入；也有可能源自中印度，即南方传入。如果是从南方传入的，那么还得考虑扶南、林邑、阇婆等地的文化艺术影响。但在那个时候，这些国家的文化艺术水平都还不高，而文化艺术通常是自高向低传播的。当然，不管它曾经走过的是南路还是北路，它的根源都在古典建筑身上，这是不容置疑的。人像柱在龙门石窟中出现过，关于其来源，比较合理的解释是源自犍陀罗。

屋顶是中国建筑的传统元素之一，自然备受关注。在石窟的内壁上，我们常常会看到殿堂之类的雕饰，屋顶造型大同小异，线条大多为直线，偶尔会用曲线；屋檐平直，两端无反翘；正脊两端皆立有鸱尾，中间都立有鸟饰，其他地方也刻有很多纹饰。一般的观点是，屋檐反翘这一工艺大约出现在六朝末期，或是唐代初期。不过，近来的一项新发现——藏于东京大仓集古馆的六朝佛像（如图 3-65 所示）对上述观点提出了挑战。这座佛像原本被供奉在河北涿县永乐村东禅寺内。由东禅寺内的史料可知，它造于东晋时期，是为刘备祈冥福而建的。不过，鉴于其背面的雕饰（如图 3-66 所示）与六朝工艺有异及地理位置的问题，因此有人认为它是慕容皝于前燕

图 3-65　六朝初期的佛像正面

图 3-66 六朝初期的佛像背面

时期建造的。背面上的雕饰寓意为何，实难解释，不过中轴线上刻有纵向排列的殿堂两座，左右两侧都刻有塔，塔顶的檐角反翘得很厉害，而檐角反翘这种工艺在六朝初期就已经很流行了。但是细细看来，那向上翘起的并非檐角，而是某种被附加在檐部两端、形如蕨类植物、弯弯曲曲的装饰物。就形式和工艺来看，它和屋脊两端所立的鸱尾如出一辙，因此可断定它不过只是一种装饰罢了，而非屋顶的基础构架。所以，这一实例并不足以推翻上述有关檐角反翘起源的观点。

我们还常常在殿堂上看到斗拱，大部分都是一斗三升式，呈连续的人字形驼峰状。早在汉代，斗拱就已经十分复杂了，据推测那个时候应该已经有了二斗以上的结构，只是现在还没有实例可以证明。

至于栏杆，云冈石窟里的栏杆和日本法隆寺内的栏杆并无二致。

云冈石窟、龙门石窟中有十几座雕刻而成的塔，形式中规中矩，不过大部分为多重塔。正方形的布局，轮廓线条很直，上窄下宽。如前文所述，嵩岳寺的塔为曲线设计，呈炮弹形，可谓绝无仅有。在云冈石窟的雕刻中，塔的顶部为单层或多层构造，为印度窣堵波造型，窣堵波下为盛放的莲花，实为忍冬藤草纹饰所组成。这种工艺与科林斯式柱头异曲同工，在龙门石窟中也有出现，想必是时代发展的必然结果。

平子铎岭曾提出，日本法隆寺金堂内的天盖起源于西藏地区，这一观点目前日渐明朗。在六朝时期，相同造型的天盖于中国已十分普遍，但在印度和西亚地区尚无踪迹。由此看来，它的起源地应

该在葱岭以东至敦煌之间。不过，这种天盖最早现身于敦煌石窟，
而敦煌石窟最早的开凿者是氐族人苻坚，从这一角度来看，天盖的
起源地或许正是敦煌。另外，我们还能在西藏喇嘛庙和西藏宫殿入
口处的上方及佛像上方等处，看到与这种天盖极为类似的悬布。所
以我认为，那时的西藏地区的文化已经发展得很不错了，并给其他
地区带去了深远的影响。此外，相较于生活在今甘肃、新疆等地的
匈奴及突厥民族，生活在西藏的氐族拥有更为强大的实力。和东部
的鲜卑一样，它也是五胡成员之一。我们在前文中提到过，在那段
时期内，成汉建国最早，定都蜀地成都；然后是前秦，定都长安；
后凉，定都姑臧；后秦，定都长安。氐族的分布极为广泛，包括今
陕西、甘肃、四川一带，向西延伸至葱岭，向南延伸至喜马拉雅山
脉，向北延伸至塔克拉玛干沙漠，向东至长安。苻坚还占领过整个
黄河流域，并将佛教带到了朝鲜。在我看来，人们应该更多地关注
氐族文化。

六朝建筑艺术的东进

六朝建筑艺术以中国传统文化为基础，同时兼容并蓄西方各国
文化。西方艺术浪潮自西向东滚滚而来，在席卷了中国之后，又携
着中国传统文化的波涛席卷了朝鲜，最终到达日本。

这是毫无疑问的事实，无论是朝鲜三国时代的遗迹，还是日本
飞鸟时代的文物，全都在激情澎湃地演绎着这段历史。不过，需要
强调的是，要用力学视角来考量六朝建筑艺术向东的发展。在中国，
黄河流域与扬子江下游地区因为土地肥沃，物产丰富，文化发展早，

而被周边少数民族垂涎良久。尤其是那些生存环境较差的北方民族，必然想要将这些丰裕之地收入囊中，于是动不动就南下侵扰中原。我们暂且将其称为北狄南进。西部民族也是一样，时时刻刻窥视着东部，也是中原地区的威胁之一。此为西戎东进。南方因气候温热而拥有丰富的天然作物，人们习惯了自给自足的生活，所以没必要，也不曾有过北进中原的想法。你争我夺的结局就是酿成了十六国之乱。北方的主要势力为鲜卑的拓跋氏；西部的主要势力为氐族和羌族；汉族被迫迁往长江以南地区，以长江天险为关卡，保一方安稳。

自西而来的文化在涌过少数民族各国后仍旧一路向东，丝毫不见向南向北之势。如果向北去，那么便会遭遇自北向南演进的文化，而后必定两败俱伤。更何况北方为蛮荒的蒙古沙漠，人烟稀少，天寒地冻，并不适宜文化发展。若是向南去，那么便会经过南海地区，可那里的汉族传统文化根深蒂固，已存在两千年之久，可谓坚不可摧，不容冒犯。唯一的出路就只有向东发展了，向进入朝鲜，再去往日本。那时候，汉文化已植根朝鲜北部，而朝鲜的中部和南部则还有进驻的余地。理所当然地，六朝文化来到了这里。尽管日本文化说来也已有上千年的历史了，但毕竟还不够成熟，所以很容易陷入西方文化的迷局，从而成为其从属。

可见，六朝艺术的发展中心在中国北方，向南只在长江下游附近有些许影响力。就影响程度而言，今日的福建、广东等南海地区也就是闽越地区受到的影响几乎为零；蒙古地区微乎其微；朝鲜、日本最为深远。六朝艺术起源于而今新疆以西地区，不过具体情况尚在考察之中，所以在此暂且不论。希望未来能有愈加丰富和关键的新发现，这样我们就能对这个难题进行进一步的探索了。当然，我所说的新方向不仅限于六朝艺术的起源地，在未来的日子里，中国的重大发现定将层出不穷，到那个时候，我们的想法一定会有改变。希望那一天，早日来临。